地球家园

INCREDIBLE EARTH

英国未来出版集团（Future Publish） 编著

区茵婷 译　李彬彬 审

北京理工大学出版社
BEIJING INSTITUTE OF TECHNOLOGY PRESS

版权专有　侵权必究

图书在版编目（CIP）数据

地球家园 / 英国未来出版集团编著；区茵婷译 . —北京：北京理工大学出版社，2019.6
（奇妙知识大图解）
书名原文：How It Works Book of Incredible Earth
ISBN 978-7-5682-5581-3

Ⅰ. ①地… Ⅱ. ①英… ②区… Ⅲ. ①地球—青少年读物 Ⅳ. ① P183-49

中国版本图书馆 CIP 数据核字（2019）第 058315 号

北京市版权局著作权合同登记号图字：01-2018-2978
[Beijing Institute of Technology Press Co, LTD] is published under licence from Future Publishing Limited. All rights in the licensed material, including the names《地球家园》(How It Works Book of Incredible Earth), belongto Future Publishing Limited and it may not be reproduced, whether in wholeor in part, without the prior written consent of Future Publishing Limited@[year] Future Publishing Limited.www.futureplc.com

出版发行 / 北京理工大学出版社有限责任公司			
社　　址 / 北京市海淀区中关村南大街 5 号			
邮　　编 / 100081			
电　　话 /（010）68914775（总编室）			
（010）82562903（教材售后服务热线）			
（010）68948351（其他图书服务热线）			
网　　址 / http://www.bitpress.com.cn			
经　　销 / 全国各地新华书店			
印　　刷 / 北京市雅迪彩色印刷有限公司			
开　　本 / 889 毫米 ×1194 毫米　1/16			
印　　张 / 11		责任编辑 / 宋成成	
字　　数 / 423 千字		文案编辑 / 宋成成	
版　　次 / 2019 年 6 月第 1 版　2019 年 6 月第 1 次印刷		责任校对 / 周瑞红	
定　　价 / 128.00 元		责任印制 / 李志强	

图书出现印装质量问题，请拨打售后服务热线，本社负责调换

推荐序

亲爱的读者朋友，很高兴在这套书中遇见你，欢迎你走入这个精彩的科普世界。无论你是因为对图片的惊艳，还是对知识的渴求而翻开这套书，都意味着你对世界的好奇和探索，又将前进一步。

好奇是人类的天性，也是科学和世界发展的第一推动力。在过去的几个世纪，好奇心促使我们对世界的探索从宏观到微观，从古代到现代，知识不断更新，科技不断进步。今天，当人类进入21世纪，随着信息时代的到来，人们对世界的认知不再限于天空、大地、海洋和生物以及身边的事物，而是密切注视着将航天器送向月球的背面和广阔无垠的宇宙，探讨奇妙量子世界的无限可能。科技从源于生活到引领生活，科学新知的迅速累积使得大部分人对科学的认知看起来非常有限，了解的领域也极为有限。因此，不管他是科学大师，或是凡夫俗子，都需要通过科普增长自己的知识，开阔自己的视野，进一步认识世界，了解世界的奥秘。

科普作品不是教科书，它需要通过类比、联想、对照等手段，以通俗的形式，让人们理解科学发展的脉络和各种科学知识之间的关联，以获得更丰富的科学知识。而文笔优美、内容丰富、形式新颖、图文并茂的科普，使人们更为迅速地了解这门科学的知识和内涵，解决了心中的疑惑，同时也得到了美的享受。

科学的世界，是千变万化的世界，精彩纷呈的世界，但也是按照自然规律运行的世界。它很神秘，但可以被理解，被解读，难的是怎样有趣而又严谨地展示它。这是摆在科学家和科普作家面前的神圣义务。

当我拿到这一套集知识性、通俗性和趣味性为一体的科普丛书时，真有点令人惊讶、爱不释手的感觉。这是一套由多位科学家和科普作家共同创作、精彩纷呈、图文并茂的科普丛书。它的特点是，用独特的图解编排形式，将大量相关却又涉及不同学科的知识串联起来，转化成直观的图像，以通俗的语言、简约的方式和轻松的手法将知识传递到阅读者的大脑，启发人们的想象。书中大量精美的图片和活泼有趣的行文，会让你在阅读时兴味盎然。借助科学家的视野，你将以崭新的视角重新了解这个世界的广阔，窥探宇宙的奥秘和世间万物的神奇以及人类科技的精妙！

在探索求知的道路上，不分长幼，不管是科学大家还是普通大众，人人都是沙海拾贝的孩童。爱迪生说：惊奇就是科学的种子。相信借由这套书的阅读，你会迅速成长为一个知识达人。当你能够像这本书的呈现形式一样，将所获的知识转化为一张张图表，它就会变成你的学问、创意与能力，在你的面前展现无限美妙的前景。

周立伟

中国工程院院士

原北京科普创作出版终评委员会主任

地球家园 目录

前 言 ● **令人惊叹的地球**

3 / 地球上令人难以置信的故事

4 / 从尘埃到星球

6 / 地球的结构

8 / 大陆和海洋的形成

10 / 生命的演变

第一章 ● **天气奇观**

14 / 天气的50个惊人事实

20 / 酸雨从何而来？

20 / 雨的味道

21 / 地球风场

22 / 急流影响天气的原理

24 / 硫循环

26 / 洞穴天气

28 / 天气预测

30 / 闪电

34 / 火暴

第二章

植物与有机体

40 / 植物进化历程

44 / 辨叶识树

46 / 有毒植物

48 / 树的生命

50 / 林地生态

51 / 论树的重要性

52 / 仙人掌的生存秘密

53 / 植物如何被克隆？

54 / 植物如何向阳生长？

55 / 咖啡树

地 球 家 园

第三章 ● 地球美景

59 / 极地求生
68 / 瀑布的奇迹
72 / 贝马拉哈国家公园迷阵
74 / 南极洲探秘
78 / 中国彩虹山
80 / 冰川威力
82 / 黄石公园奇景
88 / 极恶深海

第四章 ● 岩石、宝石与化石

96 / 怪异的地球奇迹
106 / 超级火山
110 / 什么是熔岩?
112 / 地震
118 / 天坑是如何形成的?
120 / 山的形成

122 / 是谁打开了地狱之门？

124 / 火山口湖泊是如何形成的？

125 / 石笋和钟乳石

125 / 土壤是由什么构成的？

126 / 煤是如何形成的？

128 / 什么是化石？

第五章

神奇的动物

134 / 动物王国

142 / 鱼为什么会有鳞片？

144 / 大猫出击

152 / 猫狗大对决

156 / 在黑暗里发光的神奇动物

162 / 蛙的生命周期

163 / 海葵解剖图

164 / 动物入侵

前言 | 令人惊叹的
地球

地球上
令人难以置信的故事

地球是一个神奇的星球，它古老且蕴含丰富生命，它的故事充满魔力……

科学已经揭示了很多地球的奥秘：包括地球的形成，以及地球在宇宙中数亿年的进化发展。的确，今天我们对地球的了解比以往任何时候都多。

这真是一幅让人惊叹的画面：由金属、岩石、液体和气体组成的巨大球形天体被一股看不见的约束力危险地悬浮在浩瀚的宇宙真空中。这个天体不停地自转，地球轴倾斜 23.4 度角沿轨道以每 365.256 太阳日一圈的速度，围绕距离 1.5 亿千米之外的氢气大火球（太阳）转动。这样一个天体，仅从外表看都让人觉得不可思议。

正因如此，人类几千年都不能真正了解我们的星球和它的历史。不过，人类毕竟是喜欢探究和寻根溯源的生物，自然会想方设法地来了解地球。曾经我们以为地球是平的，它是宇宙的中心，而且还有各种复杂的有关创世的说法。

回想起来，谁曾想到，我们的星球是太阳星云里由冷却气体云的灰尘和矿物颗粒组成的？地球是由多种液体元素层和被层层包裹的富含铁的熔核构成的？还有，地球真的已经 45 亿岁了？几千年来，只有头脑最聪明的人类才能洞见这样的地质事实。

尽管地球只是太阳系中的第五大行星，但它却是最令人敬畏的一颗。地球是令人敬畏的，时至今日它还在重新定义着自大爆炸以来一直主宰着宇宙的基本法则。在这里，我们庆祝地球的荣耀，记录它从起初到现在再到未来的旅程。

"地球是令人敬畏的，时至今日它还在重新定义着自大爆炸以来一直主宰着宇宙的基本法则。"

从尘埃到星球

为了了解地球的形成,我们首先需要了解太阳系的形成和发展。据现有资料显示,46亿年前,太阳系是由受巨型分子云碎片的引力坍塌的影响而形成的。

这片巨型分子云直径约20秒差距[1],其碎片面积是整体的5%。分子云是一种星际物质,它的大小和密度都适合形成分子,比如氢。分子云碎片的引力坍塌形成了前太阳星云——这一太空物质区域的质量略大于今天的太阳,它的主要构成物质是氢气、氦气和锂气,均为大爆炸核合成(BBN)的产物。

在前太阳星云中心,强烈的重力——连同超新星内核的超高密度、高气压、星云自转(由角动量引起),以及熔解磁场——这些合力使星云收缩并变平成为原行星盘,一个灼热的大密度原恒星在星云中心形成,外围环绕着200天文单位的气体和尘埃云。

地球和其他行星就是从太阳星云的原行星盘里产生出来的。而原恒星的核心温度和压力在随后的5 000万年间持续升高并引发氢聚变。行星盘的冷却气体,先是凝结成矿物颗粒,之后再聚集成微小的流星。最新数据表明,最古老的流星体物质是在45.6亿年前形成的。

尘埃和颗粒聚集起来形成岩石体(先是陨石球粒,再到球粒状陨石的流星),体积越来越大。由于岩石体之间持续的聚集和碰撞凝结,小行星和原行星随之出现——后者就是现在太阳系中所有行星的前身。至于地球的形成,众多小行星聚集产生了强大的重力和引力,当它们围绕太阳自转时,就可以扫除轨道上其他的微粒、岩石碎片和流星体。正是由于这些物质的形成,原行星才得以产生灼热的内核,如本页图片所示。

---
① 秒差距:表示天体间距离的单位。
1秒差距 = 3.261 64 光年。

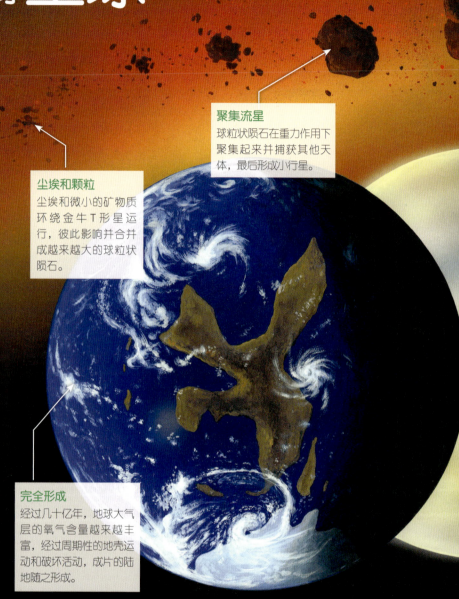

聚集流星
球粒状陨石在重力作用下聚集起来并捕获其他天体,最后形成小行星。

尘埃和颗粒
尘埃和微小的矿物质环绕金牛T形星运行,彼此影响并合并成越来越大的球粒状陨石。

完全形成
经过几十亿年,地球大气层的氧气含量越来越丰富,经过周期性的地壳运动和破坏活动,成片的陆地随之形成。

> "云碎片的引力坍塌作用形成了前太阳星云——这一太空物质区域的质量略大于今天的太阳"

地球的演变历程

地球演变过程中的重要里程碑

138亿年前
大爆炸的影响
宇宙大爆炸后的核合成促使大规模化学元素的逐渐形成。

46亿年前
新星云
巨型分子云的碎片在引力坍塌后形成了太阳前星云。

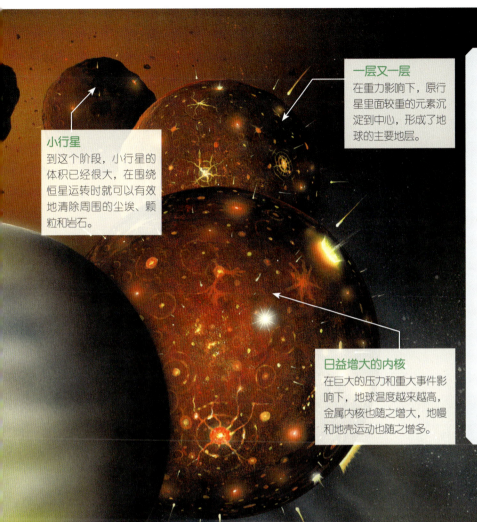

一层又一层
在重力影响下，原行星里面较重的元素沉淀到中心，形成了地球的主要地层。

小行星
到这个阶段，小行星的体积已经很大，在围绕恒星运转时就可以有效地清除周围的尘埃、颗粒和岩石。

日益增大的内核
在巨大的压力和重大事件影响下，地球温度越来越高，金属内核也随之增大，地幔和地壳运动也随之增多。

大气
由于火山排气和冰层沉积的影响，地球逐渐形成了富含二氧化碳的大气层。

月球的起源

今天大部分科学家认为，地球唯一的卫星月球大约是由45.3亿年前的星球形成的。当时地球正处在发展初期，受到小行星和岩石天体无数次激烈的撞击后，地球温度升高（激波加热），核心不断扩展。

在一次撞击中，一个名为忒伊亚的火星大小的天体撞上了地球。该次撞击数据的基本模型显示，忒伊亚是倾斜着撞上地球的，它的铁核沉入地球，其地幔和地球地幔飞速进入轨道。这个过程喷射出的物质——该物质大约是忒伊亚体积的20%——形成了地球四周的硅酸盐物质，然后在很短的时间（几个月到100年）内合并形成了月球。

地球为什么有轴倾角？

地球的轴倾角（倾斜角）相对目前公转轨道来说，是23.4度，倾斜是由大约45亿年前一系列大规模小行星和其他天体（忒伊亚）对地球的撞击引起的。这些撞击发生在地球发展的初期，其产生的力量足以扰乱地球在轨道中所处的站位，同时还产生了大量的碎片。

虽然今天地球的倾斜是23.4度，但这并不是固定的数字，长期以来，由于旋进和轨道共振的作用这个角度一直在变化。

比如，在过去的500万年，轴倾角的变化是22.2～24.3度，平均每41 000年发生一次变化。有趣的是，如果没有月亮，轴倾角变化会更大，因为月亮具有稳定的作用。

45.7亿年前
原恒星
几百万年后，太阳的前身（T形金牛星）在星云中心产生了。

45.6亿年前
星盘形成
在T形金牛星周围，由稠密气体组成的原行星盘开始形成，并逐渐冷却下来。

45.4亿年前
行星形成
尘埃和岩石聚集，行星地球随之形成，行星分化形成其核心。

45.3亿年前
月球诞生
忒伊亚，一个火星大小的天体碰撞地球，撞击碎片上升到轨道合并形成了月球。

地球的结构

随着地球体积的继续增大，它内部的压力也开始激增。再加上重力作用和"激波加热"——促使较重的金属矿物质和元素沉入中心并熔化。很多年后，富含铁的地核就形成了。内部对流随后开启，这将改变整个地球。

当地球的中心高温对流时，行星分异就开始了。这一过程就是通过物理和化学变化区分地球的成分。简言之，就是稠密的物质沉入地核，稀薄的物质浮上表面。这样地球就会有明显的分层：内核、外核、地幔和地壳——后者主要是排气造成的。

大约43亿年前，下地幔的挥发性物质开始熔化，排气就发生了。地球内部的部分熔化引起了化学分离，气体从地幔上升到地表，凝结和结晶形成最初的地壳层。最初的地壳通过对流层循环到地幔层，之后的排气逐渐形成更厚更明显的地壳层。

至于地球何时才拥有了完整的地壳层我们还不得而知，因为再生过程中产生的物质只有很少一部分保留到了今天。而有些证据显示，地壳形成发生在更早的冥古宙（46亿~40亿年前）。地球冥古宙的特点就是高度不稳定的火山表面（名字来源于希腊神话中的冥王哈得斯）。地幔对流把熔岩上升到表面，最后恢复成岩浆或变硬成为更多的地壳。

科学资料显示，排气也主要促使了地球最初大气和大面积氢气的形成，而氨气的溢出——加上氦气、甲烷和氮气等——则是大气最初形成的主要因素。

到冥古宙结束时，行星分化产生了地球，虽然年轻且不友好，但已经拥有了支持生命的所有元素。

但是有机物的产生，首先还得需要有水……

> "在大约43亿年前，下地幔的挥发性物质开始熔化，排气就发生了"

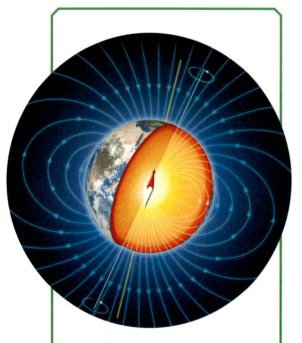

磁场的形成

当年轻的地球产生外核时，地球磁场就形成了。由于对流引起的电流环路，地球的外核产生了螺旋流体运动，发生在导电的熔铁内部。在地核产生对流的那一刻，它开始产生地球磁场，磁场因地球迅速的自转速度而被扩大。这一切结合起来使磁场弥漫整个球体和它周围的外太空——又叫磁层。

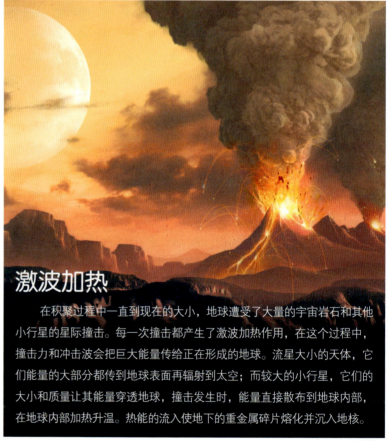

激波加热

在积聚过程中一直到现在的大小，地球遭受了大量的宇宙岩石和其他小行星的星际撞击。每一次撞击都产生了激波加热作用，在这个过程中，撞击力和冲击波会把巨大能量传给正在形成的地球。流星大小的天体，它们能量的大部分都传到地球表面再辐射到太空；而较大的小行星，它们的大小和质量让其能量穿透地球，撞击发生时，能量直接散布到地球内部，在地球内部加热升温。热能的流入使地下的重金属碎片熔化并沉入地核。

44亿年前
地球表面变硬
地球开始形成祖地壳。它在冥古宙不停地再生和建造。

早期大气
排气和表面火山活动所溢出气体形成了地球周围最初的大气，主要成分是氮气。

42.8亿年前
远古岩石
我们在加拿大北魁北克发现了大量岩石，其历史可以追溯到这一时期。它们都是火山堆积。

外核

地球外核不同于内核，由于压力小，外核不是固体而是液体。它是由铁和镍构成的，温度从外围的4 400摄氏度到内边界的6 100摄氏度。它的黏性大约是表面液体金属的10倍，其形成是合生金属元素部分熔化的结果。

地壳

地壳是地球的最外围固体层，由火成岩、变质岩和沉积岩构成。外核和地幔的挥发性物质的部分熔化引起了地球形成时表面的排气。这样就产生了最初的地壳，经过再生过程成为今天较厚的地壳。

地幔

最大的内层，它占地球体积的84%。它包含一个成分是硅酸盐的岩石壳，厚度为2 900千米。绝大部分为固态，地幔黏度很高，热性物质的上涌在对流循环的影响下持续地发生。地幔是行星分化过程中硅酸盐成分上升形成的。

内核

最重的矿物质和元素位于地球固体的富含铁的心脏。地球内核的半径是1 220千米，它的表面温度和太阳一样（大约5 430摄氏度）。固体核是在重力和行星吸积产生的高压联合作用下形成的。

后期撞击
地球后期的猛烈撞击（LHB）随之而来，年轻地壳的多个部位都遭到了猛烈轰击。

40亿年前
太古宙
冥古宙最终结束了，新的太古宙开始了。

39亿年前
海洋的起源
地球现在覆盖着液体——海洋，这是从地幔流出的液体和小行星、彗星沉积流出的液体。

36亿年前
超级大陆
瓦巴拉大陆是世界上第一个超级大陆，它是一系列的稳定地块结合形成的。

超级大陆的发展形成
早期陆地板块的起源和发展变化

起始于瓦巴拉大陆……

大约 36 亿年前,地球第一个超级大陆——瓦巴拉大陆开始形成,它是几个大型陆地板块联合而成。

从这些板块存留的稳定地块得到的数据,如南非卡普瓦尔和澳大利亚皮尔布拉表明,整个太古宙类似的岩石,虽然它们远隔重洋,但曾经是同一个板块。

板块构造的运动曾经很激烈,让这些板块聚在一起,但同样在 28 亿年前让它们分隔万里。

凯诺拉大陆
形成于 27 亿年前太古宙后期,是瓦巴拉大陆形成后的另一个超级大陆。它的形成是通过新太古代稳定块的聚积,在该时期,海底岩浆作用驱使地壳迅速上升。凯诺拉大陆是被构造地质岩浆柱在 24.5 亿年前分裂的。

大陆和海洋 的形成

目前的科学资料表明,地球上液体的形成是个复杂的过程,这一点毫无疑问。的确,考虑到整个冥古宙壮观的地球火山运动,我们很难想象到地球是如何发展到今天,以至于 70% 的地球表面都被水所覆盖着的。有很多促成的变化过程,其中三个是关键性的。

第一个促成因素就是地球在冥古宙末期和太古宙温度的下降。这样的冷却释放出易挥发物质形成大气层——参见下页对面方框内解释——并有足够压力保持液体。排气过程也把困在地球内部聚积物质里的大量水分转移到了地球表面。不像以前,由于大气的形成产生压力和限制,水分凝结并附着于地球表面而不会蒸发到太空。

第二个促成因素是地球形成和后期重大撞击事件时大规模的彗星和流星进入地球。这些频繁的撞击事件引起很多被困的矿物质元素和冰的过热和蒸发,这些物质被大气吸收,随着时间冷却、凝结,并被重新分布到地球表面从而成为液体。

第三个促成因素是光解作用——通过光的能量分解物质。这一过程使形成的大气上层的水蒸发,分离成分子氢气和分子氧气,分子氢气逃离了地球的影响。接下来,地球表面氧气的部分压力增加了,通过与地球表面物质的相互作用提升了蒸汽压形成了水。

大陆和海洋的形成是这些过程共同作用的结果。就是——也包括其他过程——在地球表面洼地(比如被撞击的大坑)慢慢形成液体。在整个冥古宙和太古宙,在汇合前会变得越来越多。大气中大量的二氧化碳造成早期海洋的酸化,酸度会腐蚀地壳的部分表面并增加其盐含量。对地壳层的腐蚀也使稳定地块更突出——地球大陆岩石圈的稳定部分——也是某些最初大陆的基础。

有了地球表面的水和逐渐形成的大气,温暖又变凉的地壳和大陆在太古宙中期开始形成(大约 35 亿年前),由于环境成熟,所以可以产生生命,下面几页会阐述生命的起源。

> "地壳层的腐蚀也使稳定地块更突出,从而形成了某些最初陆地地块的基础"

35亿年前
最早的细菌
证据表明,最早的原始细菌形式——菌类和蓝绿藻类——在这一时期处于不断增长阶段的海洋里出现了。

33亿年前
冥古宙发现
澳大利亚发现了这个时期的沉积岩,它们包含锆英砂晶粒,其同位素地质年龄在 42 亿 ~ 44 亿年。

29亿年前
岛屿迅速形成
弧形列岛和海底高原的形成经历了戏剧性的增长并持续了 2 亿年。

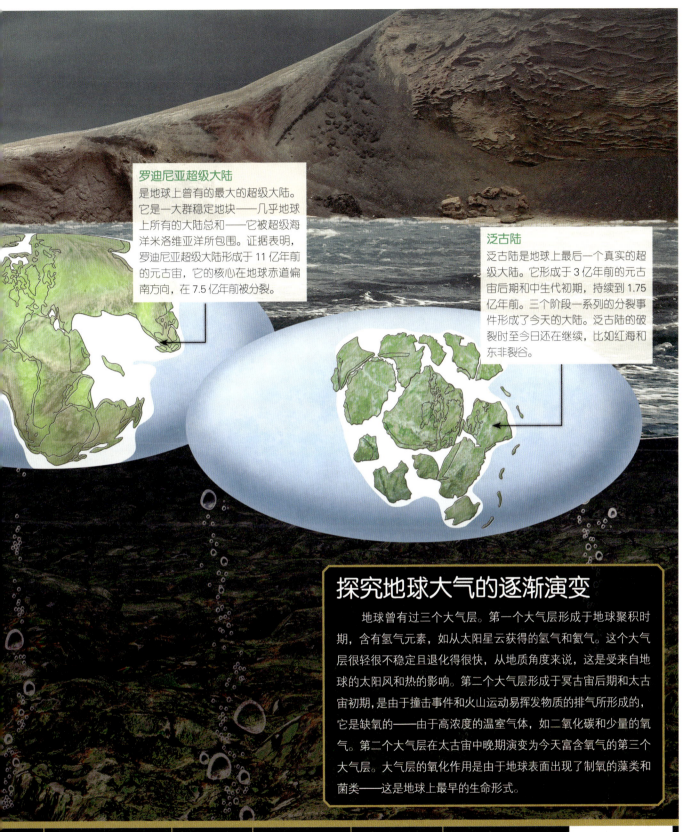

罗迪尼亚超级大陆
是地球上曾有的最大的超级大陆。它是一大群稳定地块——几乎地球上所有的大陆总和——它被超级海洋米洛维亚洋所包围。证据表明，罗迪尼亚超级大陆形成于 11 亿年前的元古宙，它的核心在地球赤道偏南方向，在 7.5 亿年前被分裂。

泛古陆
泛古陆是地球上最后一个真实的超级大陆。它形成于 3 亿年前的元古宙后期和中生代初期，持续到 1.75 亿年前。三个阶段一系列的分裂事件形成了今天的大陆。泛古陆的破裂时至今日还在继续，比如红海和东非裂谷。

探究地球大气的逐渐演变

地球曾有过三个大气层。第一个大气层形成于地球聚积时期，含有氢气元素，如从太阳星云获得的氢气和氦气。这个大气层很轻很不稳定且退化得很快，从地质角度来说，这是受来自地球的太阳风和热的影响。第二个大气层形成于冥古宙后期和太古宙初期，是由于撞击事件和火山运动易挥发物质的排气所形成的，它是缺氧的——由于高浓度的温室气体，如二氧化碳和少量的氧气。第二个大气层在太古宙中晚期演变为今天富含氧气的第三个大气层。大气层的氧化作用是由于地球表面出现了制氧的藻类和菌类——这是地球上最早的生命形式。

28亿年前	25亿年前	24亿年前	21亿年前	18亿年前
分裂	**元古宙**	**更多氧气**	**真核细胞**	**红色岩层**
瓦巴拉大陆大约形成于 31 亿年前，由于软流圈过热，在 28 亿年前开始分裂成碎片。	大约 15 亿年后太古宙接近尾声，进入元古宙。	由于蓝藻细菌的光合作用，地球大气逐渐富含氧气。	真核细胞出现了，它们是原核生物通过吞噬作用吞噬而形成的。	很多红色岩层——富含三氧化二铁的沉积岩——都是出自这个时期，表明空气中含有氧气。

生命的演变

在地球发展的各方面中,生命起源是最复杂,也是最有争议的。有一件事是科学界都认可的:根据现有证据,地球上最早的生命形态是极其渺小的。

生命的起源有两种学说:RNA 优先和新陈代谢优先。RNA 优先假说认为生命起源于自我复制的核糖核酸(RNA)分子,而新陈代谢优先理论认为生命起源于化学反应的顺序排列,即化学网络。

核糖酶是 RNA 分子,它们不仅能促进自身的复制,还能建造蛋白质——细胞的组成部分和起作用的分子。所以,核糖酶是生命起点的最佳候选者。RNA 是由核苷酸构成的,是核苷碱基(氮化合物)、五个碳糖和磷酸盐构成的生物分子。这些化学物质和它们的合成就是 RNA 世界理论的基础,而 RNA 就是不太稳定的 DNA。

关于这个理论,有两个问题:(一)地球早期的这些化学物质存在吗?(二)它们是如何合成的?直到最近,试管实验成功地表明活性的核糖核苷酸可以聚合形成 RNA,复制这种形式的主要问题是核糖核苷酸的组成部分(即核酸糖和核酸碱基)是如何形成 RNA 的。

有趣的是,最近《自然》杂志的一个实验发现:嘧啶糖核酸碱基是在一个超越核糖和核酸碱基的合成过程中形成的,其中需要经历一系列其他有赖于丙炔腈和乙醇醛等化合物的过程,比如,大家认为这两种物质在地球形成之初就已经存在了。相反,新陈代谢优先理论则认为,地球最早的生命形式源自深海热泉周围的硫化铁矿物质上的复合结构有机物的创造。

该理论认为,在深海热泉的高压和高温下,铁盐和硫化氢的化学结合造就了有矿物基础和金属核心的复合结构(比如铁或锌)。

生命的演化历程

一起来了解生命是如何在百万年间不断进化,并最终填满地球生态位的。

壳类动物 寒武纪开始时出现了有壳动物,如三叶虫。

原核生物 缺乏有膜细胞核的小细胞有机物产生了。

鱼类 最早的鱼类是寒武纪爆炸时进化来的,鱼鳃和无颌甲青鱼类可以完全借助鱼鳃来呼吸。

爬行动物 最早的陆地爬行动物——四足动物——进化和分裂成两个群类:两栖类和羊膜动物。

昆虫 在泥盆纪,原始昆虫从节肢动物门中产生了。

理论上认为,这个金属的存在促进了无机碳转化成有机化合物,并促进合成代谢(从一系列简单单位形成分子)。由于依赖硫的代谢循环过程是自足的,随着时间的延长而变得更加高效,同时还会制造更复杂的化合物、路径和反应刺激。

代谢优先方法描述了一个系统,该系统不需要细胞成分形成生命;它源于化合物黄铁矿——在地球海洋初期这种矿物很丰富。在冥古宙和太古宙早期海洋呈极酸性——地球的温度极高——虽然不如 RNA 理论那么流行,铁硫世界类型的模式是有道理的。

14亿年前 菌类
菌类存在的最早化石迹象表明,它们是在元古宙出现的。

12亿年前 繁殖
随着有性繁殖的开始,进化的速度迅猛发展。

5.42亿年前 爆炸
寒武纪爆炸发生了,有机物迅速分化并引起了现代类群的发展。

5.41亿年前 显生宙
元古宙进入尾声,地质年代进入显生宙。

1.06亿年前 棘龙
地球上最大的兽脚类恐龙,重约20吨,出现于该时期。

地球
我们的地球形成于不断积聚的尘埃和来自原行星盘的其他物质。

蓝藻细菌
可以进行光合作用的蓝藻细菌——也叫蓝绿藻类——出现在地球的海洋。

太阳星云
巨型分子云碎片的引力坍塌造成了太阳星云。

真核细胞
真核细胞——带有细胞核（核膜）的有机物出现了。

海绵
普通海绵特别是寻常海绵纲在海洋各处出现了。

飞龙目
三叠纪末期飞龙出现了，这是最早的能飞的脊椎动物。

真菌
初级有机物是菌类的前身，可以进行吻合（分支组织结构的连接）。

恐龙
恐龙由三叠纪中期的祖龙分化而来。

还有其他科学理论可以解释生命起源——比如，有人认为有机分子是通过彗星和流星沉积在地球上的——但这些理论最终都会得出同样的结论，即最初的生命形态非常小。大家都认为，地球生命经受了一个时期的激烈进化，从而才能适应不断变化的地球。然而如果没有最初的好条件，我们不可能进化到如今这样的地球家园。

人类
从人科进化而来，在20万年前达到解剖现代性。

哺乳动物
原来存在于原始初级生命形式中，白垩纪至第三纪灭绝事件后哺乳动物占领了地球大部分生态位。

6 550万年前	5 500万年前	200万年前	35万年前	20万年前
白垩纪第三纪灭绝事件	**鸟儿起飞了**	**人属**	**尼安德特人**	**人类始祖**
白垩纪第三纪灭绝事件，消灭了地球上一半的动物，包括恐龙。	鸟类急剧分化，有些存活到今天，比如鹦鹉。	人属成员开始出现，人类作为成员出现在化石记录中。	穴居人进化和散布在欧亚大陆，他们在22万年后绝迹。	解剖的现代人类最早起源于非洲，15万年后向远方扩展。

第一章 天气奇观

全世界1秒钟发生多少次闪电?	天空中一朵云有多高?
100 次	**2 000 米**

天气的50个
惊人事实

我们回答你关于地球气候的类型和能量的有趣问题

在一瞬间，世界上会发生多少次雷暴?	太阳有多热? 它的核心温度高达
2 000 次	**1 500 万摄氏度**

　　我们希望能控制一切，但是地球大气的变化如雨、雪、风、热、冷等，这都不是我们所能控制的。这就是为什么万里无云的晴空和奇幻闪电都可以令我们感到惊奇。气象学家下了很大功夫才学会预测天气类型、跟踪天气变化和预报我们出门后的天气情况。但天气预报并不是每次都准确，这不是他们的错，我们毕竟还没有完全了解天气变化的过程。

　　有一点是我们所知道的：所有的天气都源于大气温度和湿度的差异。是不是很简单？也不尽然。温度和湿度变化很大，而且取决于众多因素，比如地球的自转、你所处的位置、太阳的角度、你所处位置的海拔、你距离海洋的远近，这些都会引起大气压的变化。大气很混乱，这就意味着一个很小的局部变化也会对大的天气系统产生深远影响，这就是为什么我们很难提前几天做出准确的天气预报。

有没有办法判断风暴离我们有多远?

雷和电总是形影不离的,因为雷声正是闪电的结果。闪电的温度接近3万摄氏度,所以大气中如果有闪电快速通过,所到之处空气就会升温膨胀,扩展膨胀的声音就是雷声,雷声平均为120分贝(参考电锯声是125分贝)。有时你可以看到闪电却听不到雷声,那只是因为闪电离你太远。因为光的传播速度比声音快,所以你总是会先看到闪电再听到雷声。

1. **开始数数**
当你看到闪电就开始计时,使用跑表是个不错的法子。

2. **5秒**
每5秒,风暴会离我们近1.6千米。

3. **算数**
听到雷声后停止计时,开始计算。假如风暴接近,就需要采取必要的预防措施。

闪电最易出现在炎热的夏季

哪里最容易被闪电击中?

闪电在夏天最频繁,所以雷击经常出现在终年夏天的地方:非洲。特别是刚果民主共和国的一个小村庄奇夫卡(Kifuka),每平方千米内每年平均发生150多次雷击。罗伊·苏利文并不住在奇夫卡,但他在美国的仙纳度(Shenandoah)国家公园做管理员已被雷击7次,他居住在弗吉尼亚州,那里每年累计雷击事件发生率比较高。由于在户外山林工作,因此他碰上雷击的风险就更高一些。

除去龙卷风,世界上最快风速记录是多少?
1996年奥利维亚飓风的风速记录是
407 千米/小时

有可能阻止飓风吗?

我们能不能控制天气?有些科学家试图通过云催化或借助固态二氧化碳(又名干冰)、氯化钙和碘化银等化学品改变云的过程来影响天气。这些技术已被应用于干旱时催雨和避免风暴。

天上可以下动物吗?
曾有动物从天而降,但并不是真正的"下动物"。我们猜测是一阵强风从池塘或什么地方卷起了里面的小动物,把它们带到了别的地方。通常这些动物都生活在水塘里或水塘周围。

反常天气会迷惑动物吗?
短时间的反常天气不会令动物困惑,但天气如果长时间反常就会迷惑动物。比如,暖冬会使植物提前开花,动物也会在春天未到时开始交配。

"傍晚天红,牧羊人高兴"这个谚语真实吗?
这个谚语的下半句为"早晨天红,牧羊人当心"。天空中的红色是阳光反射云层的红色波长。日出时,这个天象说明云层正向你的方向移动,雨快来了。傍晚,该天象表明云层已经走了。熟好熟坏见仁见智。

雪甜甜圈是什么?
雪甜甜圈又叫巨浪(滚轴),是少见的自然现象。当雪大块儿降下,重力会摧毁滚动的雪球。通常它会崩塌或形成一个洞。风和温度也起重要作用。

云是怎样产生的?

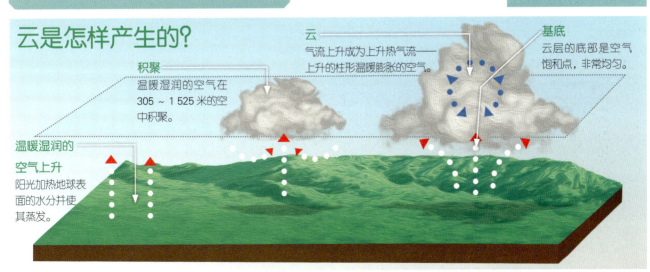

积聚 温暖湿润的空气在305~1525米的空中积聚。

云 气流上升成为上升热气流——上升的柱形温暖膨胀的空气。

基底 云层的底部是空气饱和点,非常均匀。

温暖湿润的空气上升 阳光加热地球表面的水分并使其蒸发。

飓风是怎么引起的？

依据风的发源地，飓风也被叫气旋或台风。它们总是在赤道附近的海洋形成，再加上湿热空气。随着空气上升形成云，更多的湿热空气移动到下面气压低的地方。随着循环继续，风开始旋转加速，当风速到达 119 千米/小时，这个风暴就叫飓风。飓风到达陆地后，由于缺乏温暖的海洋空气就会减弱甚至停止。不幸的是，它们可以长驱直入内陆，带来大量的降雨和破坏性的风。人们有时会引用与飓风有关的"蝴蝶效应"，意思是说，即使如蝴蝶翅膀的拍打这么细小的气流变化，长期下来也会带来巨大变化。

人一生被雷击的可能性有多大？
1/300 000

风
湿热空气升起使风转圈。

干冷空气
上部的干冷空气被吸入下部的中心，加强了风力。

湿热空气
海洋的空气上升过程中冷却凝结成云。

飓风眼
高压空气向下流动，通过这个风暴中心的平静低压区域。

闪电有多热？
27 769 摄氏度

什么是下降风？
下降风来自希腊语"下山"，也叫流泄风。它把稠密的空气从高海拔处带下来，空气由于重力原因从山顶顺着山坡下降。这种情况在南极高原经常发生，高原顶部的冷空气下沉，顺着崎岖的大地向下飘浮，沿途速度不断增加。与下降风相反的叫上升风，是顺着陡坡向上刮的风。

非洲下雪吗？
有几个非洲国家可以看到雪——摩洛哥有滑雪胜地，突尼斯经常下雪，阿尔及利亚和南非也会偶尔下雪。虽然撒哈拉也会下雪，但雪在三十几分钟后就消失不见了。如果你数数赤道附近有积雪的山峰，那你就知道连赤道地区也下雪。

闪电是什么颜色？
通常闪电是白色的，但它可以是彩虹的任意一种颜色。有很多因素影响闪电的颜色，包括大气中水蒸气的量，是否下雨及空气污染的严重程度。比如，高浓度的臭氧可以使闪电呈蓝色。

为什么有些城市有它们的微气候？
有些大都市有微气候——它们自己的气候与当地环境形成差异。通常是因为城市有大量的钢筋水泥和沥青柏油，这些材料可以保持和反射热量且不吸收水分，这使城市夜晚暖和。这种现象叫城市热岛。大城市极大的能源用量也是造成这一现象的原因。

如果没有月球，将会对地球气候产生灾难性的影响。

如果没有月亮我们的天气会怎样？
我们很难确切地知道：如果月球毁掉，我们的天气会发生什么。月球掌控着地球的潮汐，后者会影响我们的气候系统。另外，失去月亮会影响地球的自转——即地球绕自转轴旋转。月球产生拖拉力，如果没有月球，地球自转会加快，昼夜的长度也会发生改变。不仅如此，还会改变地球的倾斜角度，引起季节的变化。有些地方会变得更冷，而另一些地方会更热。我们更不能忽视真正毁灭性的影响，大量碎片会遮蔽太阳并且会落到地球上，造成大量生命死亡，大块碎片落入海洋会引发海啸。

为什么云朵高度不同样子也不同？

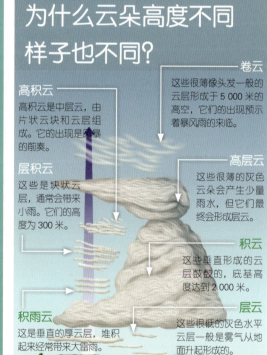

高积云
高积云是中层云，由片状云块和云层组成。它的出现是风暴的前奏。

层积云
这些是块状云层，通常会带来小雨。它们的高度为 300 米。

卷云
这些很薄像橡头发一般的云层形成于 5 000 米的高空，它们的出现预示着暴风雨的来临。

高层云
这些很薄的灰色云朵会产生少量雨水，但它们最终会形成层云。

积云
这些垂直形成的云层鼓鼓的，底基高度达到 2 000 米。

层云
这些很低的灰色水平云层一般是雾气从地面升起形成的。

积雨云
这是垂直的厚云层，堆积起来经常带来大雷雨。

一次闪电有多少伏?
10亿伏

什么是球状闪电?

这种神秘的现象看起来就像是闪亮的闪电球,消失之前在地面附近飘浮,经常会留下硫黄味儿。虽然我们经常看到,但我们并不清楚球状闪电是由什么引起的。

为什么雷暴天待在车里比较安全?

人们曾认为汽车橡胶轮胎阻止了闪电的冲击,它们是我们在汽车内安全的原因。然而事实是,金属外框才是我们待在车内安全的原因。它就是一个电导体把闪电导向地面而不会影响车内的人和物,这个叫法拉第罩(静电屏蔽)。但是闪电时用有绳电话和其他电器还是会有潜在危险,因为电缆可以导电,移动电话和无绳电话不要紧。最好也要避开金属物品,包括高尔夫球杆。

巨型冰雹是什么引起的?

简单来说,巨型冰雹源于巨大风暴——尤其是雷暴,又叫超大胞风暴。有一股强大的上升气流使风向上吹,进入云层,使冰粒悬浮很长时间。风暴里有些区域叫成长区域;雨滴在这里长时间就长大成为比一般的大得多的冰雹。

彩云是什么?

这是云里的小水滴和冰晶散射光形成的,像彩虹的颜色。这种现象不一般,因为云层很薄,彩色经常被阳光遮蔽。

天气卫星是做什么的?

GOES(地球同步运行环境卫星)系统是国家环境卫星数据和信息服务中心(NESDIS)管理的。GOES主要包括四个不同的地球同步卫星(尽管还有其他用途的地球卫星和退役的地球卫星)。整个系统被NOAA的国家天气服务中心使用,用于天气预报、气象学研究和风暴跟踪。这些卫星提供不间断的地球图像、空气湿度、温度和云量的数据。它们也监测太阳和近太空活动,如太阳耀斑和地磁暴。

太阳如何形成四季?

季节是地球绕太阳公转引起的,并且因为地球轴有个倾斜角。接受阳光多的半球经历春天和夏天,而另一半球是秋天和冬天。在暖和的月份天空的太阳很高,在地平线上的时间很长,光线照射更直接。在冷的月份,太阳光线不强,太阳在天空的位置很低。地球的倾角造成了这巨大的差异,所以当北半球正在下雪时,而南半球人们却在沙滩做日光浴。

夏季
天空的太阳很高,在地平线上的时间很长,光线照射更直接。

冬季
太阳光线不强,太阳在天空的位置很低,阳光较弥散。

春分
春分大约在北半球3月20日,春天的开始,地球轴的倾斜既不是向着太阳也不是远离太阳。

冬至
冬至标志着冬天的开始,太阳在天空最低点;冬至大约在每年的12月20日。

夏至
夏至大约发生在6月20日,太阳在天空最高最北的位置。

秋分
秋分大约在北半球的9月22日,是秋天的开始。地球轴的倾斜既不是向着太阳也不是远离太阳。

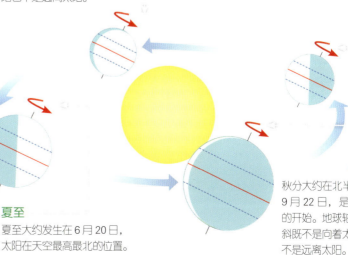

彩虹能持续多久?
彩虹能持续多久没有固定说法,它取决于光线被空气中水滴(如雨或瀑布的水沫)折射的时间长短。

为什么下雨后空气的味道很奇怪?
这个味道来自泥土里的细菌。当土地干燥,细菌(放线菌)就会释放出孢子。降雨把这些孢子反冲到空气中,潮湿的空气将它们弥散开来。它们有着甜甜的泥土味儿。

飓风能带来多少雨?
普通飓风,半径范围达1 330千米,它每天可以倾泻 21.3×10^{15} 立方厘米的水量,足够充满2 200万个奥运会规格的游泳池。

什么是干旱和热浪?
干旱大概就是极度缺水,低于平均降雨已持续数月或数年。热浪也没有固定的定义,它指比平均气温高得多,并持续数日。这两者都会带来作物减产或死亡。

为什么彩虹是弓形的?
彩虹是弓形的原因在于太阳光撞上雨滴的方式。它通过时速度变慢,在整个过程中变得弯曲。然后太阳光通过了雨滴,它又变弯曲,因为它要恢复到原来的正常速度。

历史上最热的一天的气温是多少?
58摄氏度
记录于1922年9月13日利比亚的阿齐济耶。

雨、冻雨和雪的区别是什么?

说到降水,一切都要取决于温度。当空气足够饱和,水蒸气开始围绕冰、盐和其他云种形成云。一旦达到一定的饱和度,水滴就会增大融合,直到重量大到落下为雨。当空气冷到可以凝结成冰,雪就形成了,成为超级冰冷水滴降下来,温度低于-31摄氏度。冻雨介于雨和雪之间,它开始是雪,穿过温暖气层到达地面,雪就化了。

重力波云是什么?
重力波是指空气波穿过大气层的稳定区域。当空气通过高山的时候,它就被上升气流取代。这种上升气流形成带状云层,云层之间有空间。冷空气要下沉,假如上升气流使它浮起,它就会产生额外的重力波云。

为什么下雪后非常安静?
下雪后非常安静,因为雪有吸音作用。雪花之间的气囊吸收噪声。然而,假如是压实的积雪并刮风,雪还可以反射声音。

什么是锋面?
天气锋面是两大气流的分界,两者有不同的密度、温度和湿度。在天气图上,它们被描绘成不同的线和标记。不同的锋面系统相遇会引起大量的天气现象。

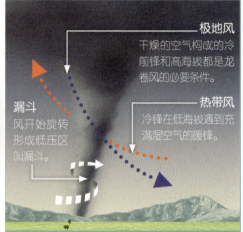

龙卷风是怎么回事?

极地风 干燥的空气构成的冷前锋和高海拔都是龙卷风的必要条件。

漏斗 风开始旋转形成低压区叫漏斗。

热带风 冷锋在低海拔遇到充满湿空气的暖锋。

龙卷风最开始是严重的雷暴,又叫超大胞风暴。当极地风和热带风在不稳定的大气层相遇,风暴就形成了。超大胞风暴包括旋转的上升气流,又叫中气旋,中气旋使超大胞风暴持续很长时间。高风加入旋转中,越来越快,最终形成漏斗。漏斗云的底部有一个吸入的低压区域,当漏斗接触地面就有了龙卷风。

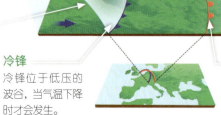

潮湿的冷气团 如果冷空气很湿润,那么楔也会产生雨和风暴。

雷暴 不稳定的暖空气经常包含层状云,充满了雷暴。

雾 雾出现在缓慢移动的暖锋之前。

楔 冷空气密度大,经常楔在暖空气下方。这种提升力会产生风。

冷锋 冷锋位于低压的波谷,当气温下降时才会发生。

暖锋 暖锋位于低压的宽谷,出现在暖空气的前沿。

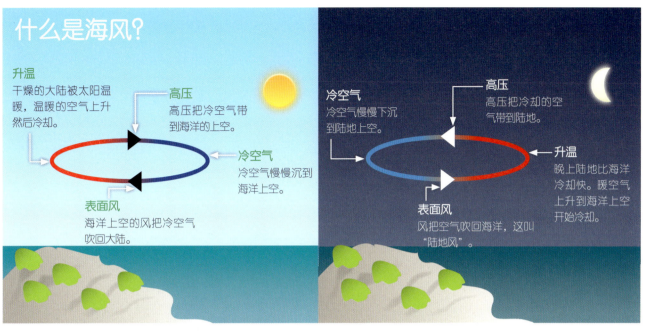

什么是海风?

升温 干燥的大陆被太阳温暖,温暖的空气上升然后冷却。

高压 高压把冷空气带到海洋的上空。

冷空气 冷空气慢慢沉到海洋上空。

表面风 海洋上空的风把冷空气吹回大陆。

冷空气 冷空气慢慢下沉到陆地上空。

高压 高压把冷却的空气带到陆地。

升温 晚上陆地比海洋冷却快。暖空气上升到海洋上空开始冷却。

表面风 风把空气吹回海洋,这叫"陆地风"。

什么是风暴眼?

"眼"就是飓风或龙卷风风暴的平静中心,没有任何天气现象。由于这些系统都是圆形旋转的风,空气呈漏斗状向下穿过眼再返回风暴。

飓风中心的眼直径为20～50千米。

闪电会两次击中同一地方吗?

闪电经常两次击中同一地方。如果发生雷暴和闪电,那还有可能再发生。很多高层结构在雷暴期间经常被击中,如纽约的帝国大厦和NASA在佛罗里达州卡纳维拉尔角的航天器发射坪。

历史上最冷的一天温度是多少?

−89摄氏度

记录于1983年7月21日,南极洲,东方二号站

为什么太阳会发光?

太阳是密度超高的气体球。氢气持续燃烧成为氦气(核聚变),产生巨大的能量,核心达到1 500万摄氏度。极端的热度产生大量的光。

夕阳西下时你看到的绿闪是什么?

日落(日出)时,由于折射,太阳偶尔会改变颜色。这种现象叫绿闪。它一般持续一两秒,所以很难被发现。

为什么云是蓬松的?

毛茸茸的棉花球云又叫积云。热空气上升遇到一层冷空气,湿气就凝结了,这时积云就形成了。假如云增大遇到上层的冷冻空气,雨和雪就从云上降下了。

酸雨里有什么?

酸雨里有很多化学物质:氧化氮、二氧化碳和二氧化硫,它们在雨中和水里发生反应。酸雨大多来自煤发电厂、汽车和工厂。酸雨会伤害野生动物,毁坏建筑。

为什么天冷可以看见自己呼气?

你呼出的气是温暖的水蒸气,因为肺是湿润的。当室外寒冷时,你呼出的温暖的水蒸气遭遇冷空气时会迅速冷却,水分子缓慢下来,开始改变形状,并且聚成一团,成为可见的水汽。

什么是红闪和蓝色气流?

这些都是发生在大气上层的大气和电学现象,也叫高层大气放电。它们比普通闪电位置高。蓝色气流在地球上空40～50千米处发生,而红闪发生在更高的59～100千米的高空。蓝色气流呈圆锥形状并且在雷暴云之上,而且和闪电无关。它们是蓝色的是因为氮气的电离释放。红闪看似不同形状并有吊束。当阳性的闪电从云层到地面时红闪就发生了。

酸雨 从何而来?

我们都见过酸雨对石灰岩雕像的影响,可是这种有危害性的物质是如何形成的呢?

所有雨水都有一点儿酸性,因为大气中的二氧化碳在水中溶解形成碳酸。强酸雨会毁坏石头结构并对作物产生危害,还会污染水路。在大气层,人类活动排放的有害气体与雨云里的湿气结合就形成酸雨。

化石燃料发电厂和汽油柴油车辆散发出化学污染物——主要是二氧化硫和氧化氮——它们和空气中的水混合就会产生反应变成酸性。

酸雨的形成

1. 酸性气体
来自工业和车辆的二氧化硫和氧化氮被释放到大气层。

2. 风
气体被风带到高地,接近雨云。

3. 气体液化
与雨云的水蒸气一结合(水和氧气),气体就发生反应形成微弱和潜在破坏性的酸。工业的二氧化硫成为硫酸。

4. 酸雨
酸雨降下,会损害植物生命,渗透水路和腐蚀建筑及雕塑。

硫和氮的氧化

二氧化硫(SO_2)
这是重工业的副产品,如发电厂。

氧化氮(NO_x)
这些来自汽车尾气的排放。

答案
蓝:氮
黄:硫
红:氧

雨 的味道

一起来了解为什么全世界的降雨都会产生芳香。

下雨之前我们都有可能闻到雨味。闪电有能力把大气氮和氧分子分解为独立原子。这些原子反应形成氧化一氮,它和其他化学物质反应形成臭氧——芳香,有点像氯,是雨的特别味道。当这味道被风吹来,我们可以预计雨要来了。

另一种雨的味道是 Petrichor 初雨的气息——这个词是 20 世纪 60 年代中期两名澳大利亚科学家提出来的,它是在经历很长一段时间的温暖、干燥天气后,第一场雨带来的清香。这种特殊的味道无论在世界任何角落都是一样的。有两个化学物质制造了这无法描述的初雨的味道。一个是地里的细菌释放出的化学物质,另一个是干渴的植物分泌的精油。这种化合物在地面结合,下雨时初雨的味道就会充满你的鼻孔。

地球 风场

风的轨迹、洋流，甚至飞机的飞行路线，都受到同一股无形力量的控制

因为科里奥利效应，大气里的风是不会直线运动的。地球以地轴为轴心旋转，带动空气旋转。赤道的自转速度是最快的，因为那里是地球圆周最大的地方。不同纬度自转速度不同，这便导致了风向偏差——举个例子，如果你从赤道往北极圈扔个球，球是不会呈直线飞过去的，轨道肯定会发生偏差。

如果地球不进行自转，地球上的气体就只会在高压的两极和低压的赤道之间直来直往。可一旦地球的自转也来插一脚，就会让北半球的气流往右偏离，而南半球的气流则往左偏离，如此一来，便导致了地球上的风以环流形式运动。

正是这种效应导致在海洋上形成的大风暴呈旋涡状。低气压的气旋不断把空气吸入中心，在科里奥利效应作用下，形成有弧度的气流运动。这就解释了为什么北半球的气旋是逆时针方向旋转，而南半球的气旋是顺时针方向旋转的。高压风暴，也就是反气旋，亦是同理，只不过北半球反气旋是顺时针方向运动，而南半球的反气旋是逆时针方向运动。

科里奥利效应是普遍存在的，还影响着在空中长距离运动的物体，如飞机和导弹。飞行员途中必须调整飞行方向，以抵消科里奥利效应带来的轨道偏差。

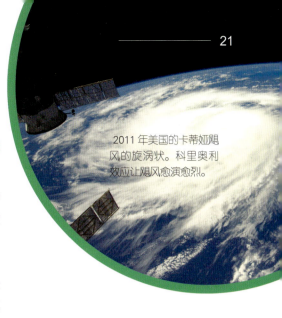

2011年美国的卡蒂娅飓风的旋涡状。科里奥利效应让飓风愈演愈烈。

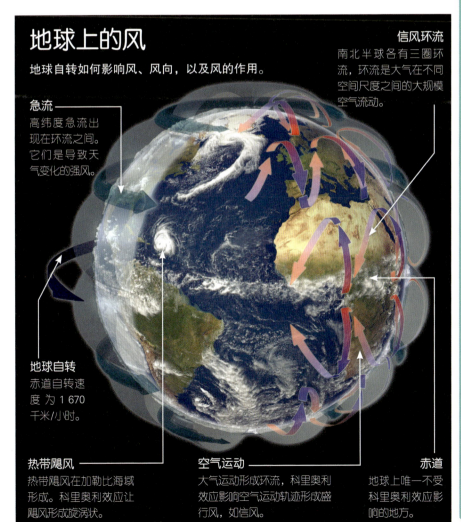

地球上的风

地球自转如何影响风、风向，以及风的作用。

急流
高纬度急流出现在环流之间。它们是导致天气变化的强风。

信风环流
南北半球各有三圈环流，环流是大气在不同空间尺度之间的大规模空气流动。

地球自转
赤道自转速度为1 670千米/小时。

热带飓风
热带飓风在加勒比海域形成。科里奥利效应让飓风形成旋涡状。

空气运动
大气运动形成环流，科里奥利效应影响空气运动轨迹形成盛行风，如信风。

赤道
地球上唯一不受科里奥利效应影响的地方。

科里奥利效应对水的影响

在北半球和南半球，水槽下水的时候形成的漩涡方向是相反的，不少人以为这是受到科里奥利效应影响。其实如此微小的事物，是体现不了科里奥利效应的。不过科里奥利效应是真能影响海洋的洋流。

每一个海洋盆地都有一个"环流"——绕着盆地运动的强烈水流。因科里奥利效应产生偏向运动的风带动海洋表面的水流运动，到了深处，就形成漩涡。北半球深海环流呈顺时针方向运动，南半球深海环流则呈逆时针方向运动。南北半球各自的深海环流不会越过赤道，所以在正位于赤道的地方，是感受不到科里奥利效应的。

相比科里奥利效应，水龙头的位置更能影响下水时水的运动方向。

急流 影响天气的原理

急流是调节全球天气的重要因素。那急流具体是怎么做到的呢?

急流是某些行星上空大气层里存在的快速运动的气流。以地球为例,当我们说起"急流",其实是指"极地急流"。大气中其实也存在较弱的副热带急流,但因为高度问题,它们对商用运输机以及对人口密集区的天气影响没么大。

北半球急流以每小时 161~322 千米的速度在 10 千米高空的对流层顶(对流层与平流层之间的区域)自西向东运动。这种大气运动是在由地球自转、太阳热力及地核热力导致的热度差以及空气运动形成的压力梯度影响下形成的。

在北半球,视地理位置不同,急流或从极地带来冷空气,或把冷空气驱走,从而实现对天气的影响。总的来说,若急流是自北向南移动,天气会变得潮湿且有大风,所经之处,温度下降。反之,若北半球急流带着暖空气从南至北移动,所经之处的天气会变得又干又热。

而在南半球,尽管急流改变天气的原理与在北半球是一样的,但南半球海洋面积广阔,气温梯度较小,急流的影响便被削弱了。

地球急流

看看那些影响着地球气候的无形力。

极地环流圈

费雷尔环流圈

副热带急流

哈得莱环流圈

哈得莱环流圈
这一环流圈对热带的沙漠气候和暴雨形成有一定影响。

盛行西风

东北信风

赤道辐合带

东南信风

盛行西风

副热带急流
副热带急流所处高度在 17 000 米的高空,比极地上空的极地急流所处位置要高。

南极急流
南半球的急流绕着南极大陆运动。

风速变化

急流的气流速度相差甚大,但急流中心的风速,永远是最快的,最高可达时速 322 千米。飞行员都经过专业培训,知道在飞过急流区时该如何应对急流,但尽管如此,风切变依然是他们必须时刻警惕的危险现象。所谓风切变,是指在急流内或者急流附近风向和风速突然的剧烈变化,这种变化甚至会对地面的风造成影响。这种突然袭来的强风,会导致正在起飞或降落的飞机坠毁。所以所有商用客机都装备有风切变警告系统。

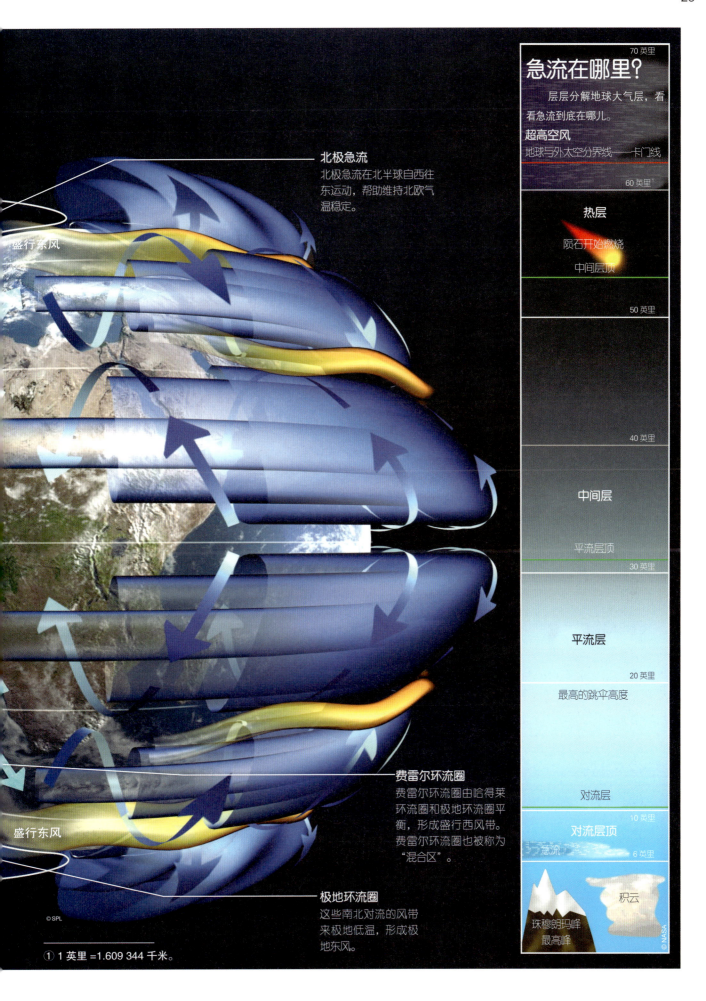

硫 循环

硫与各种元素混搭，它是一种无处不在的化学元素

所谓生化过程，是指一种化学元素或化合物在地球的生物和非生物间转移，并在过程中出现化学形态上的改变。硫循环就是其中一个重要的生化过程。与碳循环和氮循环一样，硫循环是硫元素在生物圈、大气层、水圈以及岩石圈（地球表面坚硬的外层）之间的转移。从生物学上来讲，水循环、氧循环、氮循环、碳循环、磷循环和硫循环尤其重要，因为这几个循环关系着地球上的生命循环。

氨基酸半胱基酸、蛋氨酸和维生素硫胺素里都有硫元素，它是所有有机物质中的重要元素。植物通过土壤和水里的微生物获得所需硫元素，这些微生物能把硫元素转化为可供植物使用的有机形式。动物通过吃植物或其他动物摄取硫元素。动植物生命结束后残体经过微生物分解后，硫元素重新回归土壤。随着动植物摄取硫元素和分解后重新释放硫元素，形成了陆地生态环境和水生生态环境各自的硫循环。

但这不是地球上硫元素存在的唯一方式。火山和地热喷口里里外外都是硫元素。火山喷发把大量硫元素释放到空中，其中以二氧化硫为主。岩石风化和海洋里大量挥发性硫化物也能释放出大量硫元素。人类活动也进一步往大气里释放出大量硫元素，如燃烧化石燃料。

一旦暴露在空气中，二氧化硫同氧气、水产生化学反应，便会生成硫酸盐和硫酸。这两种化合物易溶于水，通过湿沉降和干沉降落回地球表面。但也不是所有硫元素都这么漂泊不定，地壳和海洋沉积物里就有大量硫元素储备。

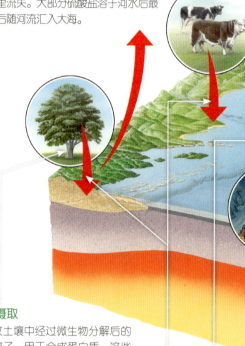

大气中的硫
进入大气后，部分硫酸盐气溶胶可以在大气中存在多年，把太阳的能量反射回太空，降低地球表面温度。1815 年印度尼西亚坦博拉火山喷发，导致欧洲和北美洲次年的"无夏之年"。

硫酸盐径流
硫酸盐是水溶性物质，很容易从土壤里流失。大部分硫酸盐溶于河水后最后随河流汇入大海。

动植物摄取
植物吸收土壤中经过微生物分解后的硫酸盐离子，用于合成蛋白质。这些蛋白质又会被动物吃进肚子里。

有机降解
微生物将生化物质进行降解，以硫化氢、硫酸盐、有机硫酸酯和磺酸盐的形式释放出硫元素。

湿沉降和干沉降
大气中的硫化物，不管是硫酸盐还是硫酸，都是陆地生化系统和海滨生态系统环境酸化的主要原因。

硫与气候

大气中有 90% 的二氧化硫是人类活动产生的，如燃烧化石燃料和处理金属。硫与水反应生成硫酸，硫与其他工业排放物生成硫酸盐。这些新生成的硫化合物通常以酸雨的形式坠落地球。这一类酸沉积物会给自然环境带来灾难性影响，破坏水生生态环境的化学平衡，导致鱼类和植物无法生存。若酸雨浓度过高，还会侵蚀建筑物，引起化学风化作用。

不过硫污染对环境的影响也不全是坏事。大气中的硫有助于云的形成，吸收紫外线，某程度上减轻了温室效应导致的气温上升。此外，当酸雨降落在湿地上，湿地里摄取硫的细菌增生速度远远超过释放甲烷的微生物的增生速度，大大减少了甲烷排放量。要知道在人类制造的温室气体中，甲烷可是占了其中的 22% 呢。

硫循环

硫元素在地球上无处不在，但就像青少年一样，它的性质也取决于它周围存在什么样的物质。视组成成分不同，硫既可以是一切生命体的必需元素，也可以是剧毒物质。它以各种形式出现在地球的不同地方，带来各种各样的效果。

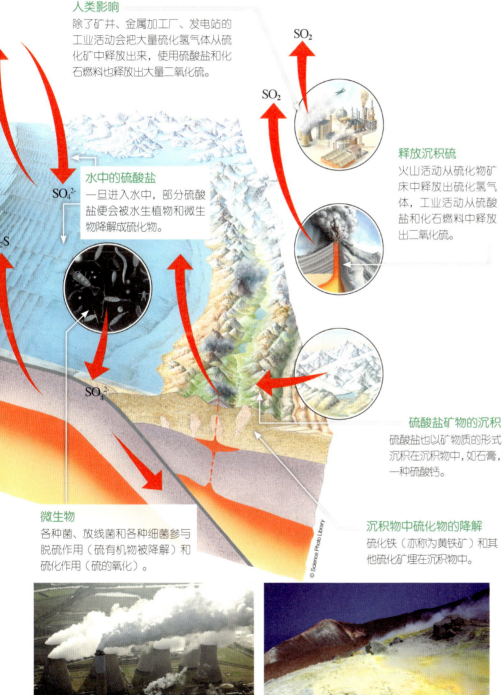

人类影响
除了矿井、金属加工厂、发电站的工业活动会把大量硫化氢气体从硫化矿中释放出来，使用硫酸盐和化石燃料也释放出大量二氧化硫。

水中的硫酸盐
一旦进入水中，部分硫酸盐便会被水生植物和微生物降解成硫化物。

微生物
各种菌、放线菌和各种细菌参与脱硫作用（硫有机物被降解）和硫化作用（硫的氧化）。

释放沉积硫
火山活动从硫化物矿床中释放出硫化氢气体，工业活动从硫酸盐和化石燃料中释放出二氧化硫。

硫酸盐矿物的沉积
硫酸盐也以矿物质的形式沉积在沉积物中，如石膏，一种硫酸钙。

沉积物中硫化物的降解
硫化铁（亦称为黄铁矿）和其他硫化矿埋在沉积物中。

大气中的二氧化硫有很大一部分是在燃烧化石燃料的过程中产生的

火山周围有大量以矿物形式存在的硫

因为硫元素是黄色的，所以有炼金术士试图用硫来炼金。

什么是硫？

硫是地球上最重要也是最普遍存在的元素之一。它既以非金属固态单质硫的形式存在，也存在于各种有机化合物和无机化合物中。地球的每一个角落，从土壤、空气、岩石，到植物和动物，硫元素无处不在。

因为硫元素带有黄色的色泽，早期的炼金术士曾试图用硫炼金。那当然是不可能的，但人类也发现了硫的不少用途，例如制造黑火药。如今有不少含硫和硫化物的商品，像火柴和杀虫剂、园艺添加剂、漂白剂和水果保鲜剂也少不了硫，硫酸更是一种重要的化工材料。

早期，人们从火山沉积物里提取硫，但到了19世纪末，硫开始供不应求，人们需要通过其他途径开采。后来有了先进的采矿技术，便可以从美国墨西哥湾的巨大盐穹里开采硫了。但火山沉积和地底沉积依然是全球硫供应的主要来源。不过渐渐地，人们越来越多地通过收集天然气产业和炼油厂的副产品提取工业用硫。

洞穴 天气

《探索中国》中一个最让人震撼的洞穴生态系统，看看那里为什么能形成自成一体的小气候。

没有地面上的阳光、雨露和自然风，你是不是就以为洞穴里的气候四季如一了？错了，事实上，洞穴里也有鲜明的季节变化——洞穴天气不但有地域上的差别，时间久了，同一个洞穴里的天气也会有所差别。像重庆市的二王洞，甚至还有其自成一体的天气。归根结底，这是由于这些极个别洞穴的洞内环境与洞外环境隔绝造成的。

说到二王洞的气候，那是跟那里不均衡的洞穴结构有关。在洞穴群周围，好几条隧道环绕，把风带进洞内。外界的风一旦入洞，便被锁于地下，这些外界进来的空气就开始聚集湿气，汇聚在云梯堂（世界第二大天然山洞，空间有600万立方米）等巨大的洞穴里，而到了开放的洞穴，湿润的空气就会上升。

尽管空气进入这复杂的地下世界的入口有多个，可出口却极少且相距甚远。以云梯堂为例，通往外界的洞顶距离地面有大概250米，形成了一个瓶颈效应。当潮湿的空气在差不多到洞口的地方遇到冷却带，便凝结成细小的水珠形成仙境般的薄雾。而在其他洞穴里，植物和地下水也是地下天气的影响因素。

气压波动和地核热力透过岩石层传上来造成地热活动就能引起气候变化，因此，就算与外界没有直接接触，洞穴也能有气候。只不过在这些洞穴里形成鲜明的气候变化，需要更漫长的时间。

阳光照耀下，站在天坑深处仰望洞口，可见烟雾萦绕。

云梯堂 大小数据

面积	高度	容积
7个足球场	2.5尊自由女神像	5个温布利足球场

天气预测

看看有什么方法让我们预知未来的晴雨

天气每天都影响着我们的生活。天气可以主导生与死，也可以拿来当话题应付派对上尴尬的冷场，是我们生活中时刻存在又时刻变化着的组成部分。这就意味着，要准确地预测天气，是一项异常重要的任务。

在英国，气象局肩负天气监控和预测的任务。在天气预报之前，得从全球收集大量气候信息进行综合分析。英国气象站每天收取的观察数据约 50 万个，包括从海洋、陆地、气象卫星、气象气球和气象飞机收集而来的数据。但这么庞大的数据，仍不足以展现各个地区的天气。

要填补当中的信息空缺做出最接近真实的天气预测，需要把实时天气数据与未来演变情况进行整合。这就需要把数据输入一台超级计算机，由超级计算机生成一个大气数值，过程当中涉及大量复杂的运算。气象局的 IBM 超级计算机每秒能进行超过 1 000 兆次的计算，使用的大气模型有 100 万条代码。

预报员可以利用这些数据和实时预报（实时气象的速度和方向预计）等技术预计未来数小时的天气状况。若要进行更长时间段内的天气预测，就得使用更多其他计算模型了。

1.数据收集
从全球各地信息收集器收集回来的数据发送到各个数据中心，如瑞士的国际气象组织。

2.陆地信息
陆地上的仪器负责监测温度、气压、湿度、风速和风向、云层、能见度和降雨。

3.气象站
小型气象站录取当地天气数据，用温度计测量气温，用湿度计测量湿度，用气压计测量气压。

世界各地大量小型气象站往气象中心传输气象数据。

空中数据
气象卫星、气象气球（配有无线电探空仪）和气象飞机全用于测量各种空中气象参数，如温度和大气成分。

船上数据
专用的气象船、研究船和志愿者商用船用于测量海洋气象数据，并将数据送回气象中心进行分析。

海洋数据
气象船和气象浮标负责测量海水温度、盐度、密度、阳光反射以及风速和海浪数据。

无人潜航器
无人潜航器能通过遥控在深海航行，探测并传输海水温度、盐度和密度等数据。

2 000 米
无人潜航器可达最深海洋深度。

4.无线电探空仪
装在氦气球或氢气球上的小型装置,用于探测气压、温度和湿度等空气数据。

15 000米
无线电探空仪可到达的最高高度。

13 000米
G-IV系列的飞机可到达的高度。气象飞机从高空投下气象探头。

10 000米
专用气象飞机可到达的高度。

气象飞机
专用气象飞机或商用飞机上的自动气象记录装置会把数据往气象中心传输。

"飓风猎人"
改良后的P-3"猎户座"海上巡逻机安装了特种测风仪器和敏感度极高的多普勒雷达。

4 270米
P-3飞机到达的高度。

多普勒雷达

卫星
地球同步卫星和绕极卫星负责记录数据和生成图像。气象预报员可通过它们生成的图像了解云雾覆盖状况、云层高度和降水状况。

G-IV喷气式飞机

可发射探头
从飞机上投下探头。探头在下落过程中测量风速、温度、湿度和气压数据。

降落伞延长探头在空中的时间

无线电探空仪往基地传输数据

天气预报的未来展望
新的模型技术能计算湿度、温度、风速和云层活动的变化,进行更准确的天气预测。

现役天气模型

范围:每张图片覆盖12千米

实验性天气模型

最强风

范围:每张图片仅覆盖1.3千米

365米
无人驾驶探空机可到达的高度。

探空无人机
这种无人研究机负责准确且快速地进行天气数据记录和样本采集。

气象中心
通过各种渠道收集来的天气数据在这些气象中心里进行整合分析,随后结果会发送给当地的气象预报机构。

航标灯
风速计
数据传输器
太阳能板

气象浮标
气象浮标有的是固定的,有的是在水面自由浮动的,浮标上配有测量仪器,用于测量船只不能去或无法抵达的海域的气象数据。

海洋探测器
从飞机上投入大海,这些探测器通常也叫"下投式探测仪",可以收集样本,并将数据传回气象中心。

"每天收取约50万个气象数据"

雷达站
气象部门利用雷达测量雨、雪、霰或冰雹的强度。

闪电

它能突破空气的绝缘度,是看得见的电流,破坏力极强。闪电到底是如何形成的?

局部云内的电荷(不管是正电荷还是负电荷)累积到一定数量,就能突破空气的绝缘度,形成闪电。要形成闪电的第一步,是正负电荷分层。云层的上部是正电荷,中间是范围较大且电荷数量较多的负电荷中心,而下部也是正电荷。

云内水滴在温度低至冰点的环境里与冰晶体相互碰撞摩擦,便产生了正负电荷。这一过程中,正电荷转移到细小的冰晶体颗粒中,负电荷转移到体积较大的冰水混合物中。前者逐渐往上升,而后者则在重力作用下逐渐下沉,导致云层里电荷逐渐出现了上下分层。

两极电荷形成的部分电离空气开辟了一条电离通道——所谓电离空气,就是空气里原本中性的原子和分子转化成带电荷的原子和分子——电离空气柱(又称"梯级先导")会逐渐往地面延伸,抵达地面时,极性相反的电荷沿着梯级先导开辟的绝缘能力下降的电离通道完成连接,从地面向云层以1/3光速的速度进行回击,在空中形成一道亮光。

一般每一次闪电过程中,云层和地面之间沿电离通道往返发生3~4次闪击,速度之快,超出人类肉眼可见。而且因为电场强度差——通常从1000万伏特到1亿伏特不等——地面对云层反击的电流强度可高达3万安培,温度高达3万摄氏度。通常电击从云层到达地面只需要10毫秒,地面对云层反击只需要100微秒。

然而,闪电并不仅仅是云体(尤其是积雨云与层状云)和地面之间的现象,还会发生在不同云体之间,甚至是单个云体里面。据全球统计数据,75%的闪电是云体间或者云体内闪电,即云体与云体之间或单个云体内部正负电荷形成的放电通道。而且不少闪电是距地面有相当大距离的中高大气层的闪电(见图"大气闪电")。大气闪电形式多样,有的从云体顶部喷发而出,也有的范围覆盖上百千米。

虽然闪电是一个频繁的自然现象,且带有极高电量,可到目前为止,科学界利用闪电造福人类的尝试尚未成功。这当中的主要失败原因,是目前科技还不足以接收并储存在瞬间(仅几毫秒的时间)释放出的如此巨大的能量。其他导致无法将闪电作为能源使用的原因还包括闪电的极不规则性——尽管同一个地方能被闪电击中两次,但这种情况也是少之又少;以及无法将闪电产生的高伏特电压转化成日常储存和使用的低伏特电压。

图解闪电的形成

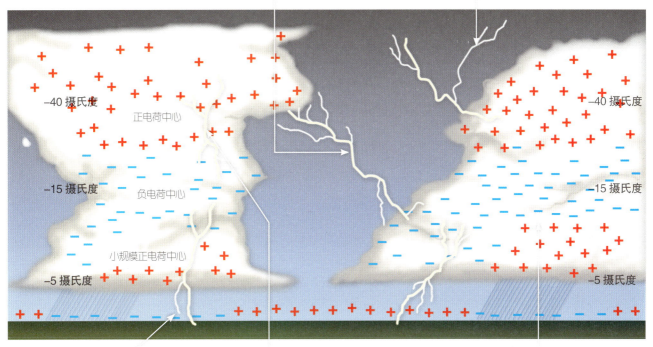

云对云
云对云的放电，是云体间不同极性的局部之间发生放电现象。这种闪电其实与云对地闪电的原理是一样的，唯一不同，就在于这根电离空气柱在云体间。

云对空
与云对云相似，云对空闪电是云体充满正电荷的上部直接往空中释放出电流，形成一根电离空气柱。

云对地
在云体的正负极电荷间形成一根电离空气柱往地面延伸，就会形成云对地的闪电。

云体内
世界上最普遍的闪电，是由单个云体内不同电位导致的闪电。大部分与闪电有关的空难，罪魁祸首都是云体内闪电。

不同电荷
云体要有足够电荷才能产生闪电，这种云体的电荷分三层，最上一层是较大的正电荷中心，中间是负电荷中心，下层是一个较小的正电荷中心。

"因为电场强度差，地面对云层反击的电流强度可高达3万安培，温度高达3万摄氏度"

大气闪电

每年统计到的闪电次数中，地球高空大气闪电占了主要比重。这种闪电可以通过卫星拍摄到，但人的肉眼是无法看到的。

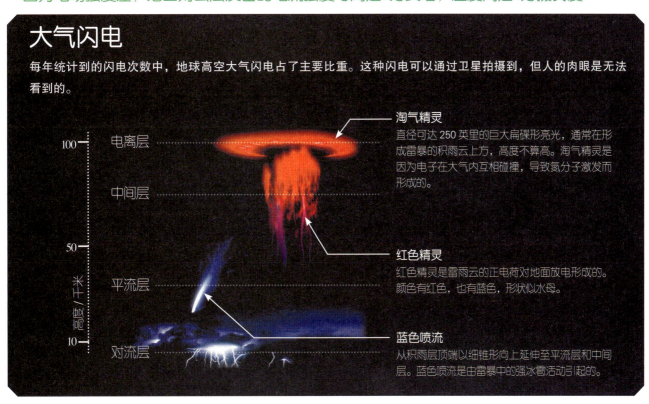

淘气精灵
直径可达 250 英里的巨大扁碟形亮光，通常在形成雷暴的积雨云上方，高度不算高。淘气精灵是因为电子在大气内互相碰撞，导致氮分子激发而形成的。

红色精灵
红色精灵是雷雨云的正电荷对地面放电形成的。颜色有红色，也有蓝色，形状似水母。

蓝色喷流
从积雨层顶端以细锥形向上延伸至平流层和中间层。蓝色喷流是由雷暴中的强冰雹活动引起的。

闪电类型

闪电跟"规律"二字压根扯不上关系,是一种不可预测的自然现象。

联珠状闪电
云对地闪电的一种形式,形状不是带状,而是分成极亮的细小段(联珠状),持续时间比普通闪电时间要长。

发生频率:罕见

带状闪电
带状闪电只出现在强风的雷暴天气里,这种闪电地面往空中反击多次,但每次反击的电离通道都会被强风稍微吹偏,视觉上就形成了带状的效果。

发生频率:非常罕见

枝状闪电
云对地闪电,有大量分叉的枝条形状,持续时间短,带有强烈亮光。

发生频率:经常

片状闪电
用来形容云体间和云体内闪电的统称。在云体间和云体内的放电通道因为被云体所遮,人的肉眼不可见,只能看到厚厚的云层内发出一片光芒。

发生频率:经常

巨型闪电
巨型闪电指主要发生在中高空的平流层、中间层和电离层的闪电,当中包括红色精灵、蓝色喷流和海气精灵(见上页"大气闪电")。

发生频率:经常

球状闪电
气象学家认为这是一种假设性的闪电。据极少的目击者表示,球状闪电极为耀眼,呈巨大球状,持续数秒,而且能在空中随风移动。

发生频率:极为罕见

该死!这树明明还有两个月就能砍了……

雷电高发区

看看地球上有哪些地方雷电频密。

新加坡的闪电
新加坡是全球闪电活动最频繁的地区之一。

多人死亡
2007年7月,巴基斯坦西北部乌沙里达拉的一个小村落有30人死于雷击。

全球热点
刚果民主共和国一个叫奇夫卡(Kifuka)的小村庄是地球上被雷电击中频率最高的地方,每年平均每平方千米被雷电击中158次。

闪电
委内瑞拉的卡塔通博河一年有160个晚上每分钟能看到多次闪电。

多次电击
帝国大厦平均每年被雷电击中24次。最高记录是24分钟内被击中8次。

在非洲肯尼亚马赛马拉国家野生动物保护区拍摄到的云体间闪电。

概率有多高？

其实被雷劈，
可能性也没
你所以为的那么低……

1/300 000

被雷劈的概率是30万分之一。就这数字来看，你会觉得自己被雷劈的可能性不大……可这阻止不了美国护林员罗伊·沙利文（Roy Sullivan）成为世界上被雷劈次数最多的纪录保持者——一生遭雷劈了7次。

数据对比……

1 400万分之一
在英国，中彩票的概率是1 400万分之一，比被雷劈难上45倍。

1 100万分之一
坐上单程民航航班，遭遇空难丧命的可能性只有1 100万分之一。

1 200万分之一
被雷劈的可能性是在英国死于疯牛症的可能性的40倍。

8 000分之一
想死得快一点，自驾出门吧。全球每天有超过3 000人死于交通事故。

被雷电击中后的人体反应

被雷电击中后人体各部位会有什么感觉？

雷电击中人体，部分电流通过人体皮肤以电弧形式流向大地——被称为闪络——还有部分电流进入体内。进入人体的电流越强，对人体内部造成的伤害也就越大。最常见的受伤的器官是心脏，大部分死于雷击的人，都是死于心脏停搏。电流所经之处，也会造成身体组织受伤，最明显的是在电流进出人体的位置。被雷电击中后，人还会一下子弹起来，因为电流会导致肌肉瞬间强烈收缩。

烧伤是人体遭受雷击后最明显的外部可见伤。电流能让一切与皮肤接触的物体温度升至极高，导致物体熔化并与人体皮肤相粘连。但有趣的是，被商业用电击中，与被雷电击中的烧伤是有区别的。前者持续数百毫秒，会造成身体大面积烧伤，而后者导致的烧伤，集中在直接触电位置，常见的烧伤部位有头、颈、肩。

被雷电击中的后遗症有很多种，包括记忆缺失、痉挛、运动控制力受损、听力丧失、耳鸣、失明、睡眠障碍、头痛、思维混乱、刺痛感和麻木等。而且这些症状有可能不会在被雷电击中后就马上出现，不少问题——尤其是神经精神病学上的问题（视力和听力）——在往后日子里才慢慢显现。

视听
眼与耳是雷击案例中常见的受损器官，被击中者多有听力丧失、耳鸣和失明的症状。大多数这种神经精神病学上的问题随时间推移才慢慢发展。

器官
遭受雷击同样可能造成内脏器官衰竭。被雷击而死的案例中，死因以心脏停搏或心跳呼吸暂停为主。

皮肤
击中人体的电流有一部分从人的体表流过，剩下的则会进入人体。遭雷击后皮肤烧伤和掉发都很常见，烧焦的衣服布料还会与人体皮肤粘连。

肌肉
肌肉在遭受雷击的瞬间收缩，导致被击者弹跳起来或者出现肌肉痉挛。

身体组织
电流从头顶窜流到脚，沿途造成身体深层组织受损。

神经系统
运动控制能力受损也是常见伤害，常为肌肉和四肢运动能力、神经回路和运动规划以及执行决定的能力受到永久性损伤。

火暴

有龙卷风级的强风，有极热的烈焰，你敢不敢面对大自然最猛烈的地狱之火？

火暴是自然界破坏力最强、最不可预测的自然灾害之一。龙卷风级别的飓风卷起高达1 000摄氏度的烈焰，将森林和人类建筑全都吞噬一空。那些不幸的人还没来得及逃跑，便已窒息而亡，须臾之间，整个城镇便化为灰烬。幸存者在劫难过后描述当时地狱般的景象：身边漆黑一片，四处只见数不清的百米高的骇人火球，耳边似有珍宝客机发出的隆隆巨响。你能想象那种环境下的炙热程度吗？那种热度，能把铝和沥青熔化，让铜扭曲变形，甚至能把沙烧成玻璃。

火暴是全球各地都有可能发生的自然灾害，尤其在美国、印度尼西亚和澳大利亚的灌木林。大部分火暴发生在夏秋两季，因这段时间内植物干燥易燃。尽管火暴是一种自然现象，但历史上最严重的火暴灾害，不乏人为故意造成的。在第二次世界大战期间，盟军就曾使用燃烧弹和爆炸性物品在日本和德国城市制造火暴。6 600万年前行星撞地球，全球大片森林被焚毁，相信就是这一次的大火，导致了恐龙的灭绝。

气候变化，让夏季更酷热更干燥，或许已经增加了大型山火发生的可能性。据落基山气候组织（Rocky Mountain Climate Organization）的数据，在2003—2007年，美国西部11个州平均升温1摄氏度，相比1986年，高火险期惊人地增加了78天。

在过去40年间，澳大利亚大城市受火暴威胁的可能性也增加了。气候变化导致热浪持续时间更长，极端炙热天气增加，导致情况进一步恶化。光是2013年1月，因遭受纪录新高的热浪袭击，新南威尔士州、维多利亚州和塔斯马尼亚州发生了上百起山火。日最高气温达40.3摄氏度，打破了1972年录得的纪录。

发生山火或森林大火的时候有可能引起火暴，但火暴可不仅仅是野火那么简单。事实上，火暴规模之大，足以形成它自身的天气。雷暴、强风和火龙卷——带着烈焰的小型龙卷风——都是火暴通过自身可怕的威力便可形成的现象。

火暴的大火威力堪比雷暴。炙热的空气上升到空中，吸进更多的氧和干燥物质，进一步加大火势、扩大范围。火暴的风速，可达龙卷风的风速——是环境风速的成千上万倍。巨大的上升空气柱，叫热柱，在火暴上方旋转，可形成雷雨，甚至闪电，点起新的火头。

而热柱又能在多处形成猛烈的龙卷风，这些龙卷风高达200米、宽300米，持续时间至少20分钟，把燃烧的木块或其他起火物甩出去，扩大火势范围。强烈的气流时速可达160千米，能让远在100米外的山头也烧起来。火暴比普通山火猛烈得多，

毕竟后者的移动速度,也才每小时23千米,比人类全速冲刺跑的平均速度还要稍慢。

火暴要烧起来,跟火一样,需要三个要素。首先,是火源,让点火装置和燃料能更容易烧起来。第二个必需的是可燃物,不管是纸、草还是树,只要是可燃的。第三,是助燃物,一切火都需要含氧量16%以上的空气加速化学反应。当木头或其他燃料起火燃烧,与周围空气里的氧产生反应,释放出热力,产生烟、灰烬及各种气体。火暴极为猛烈,通常能把周围的一切氧气消耗殆尽,让那些在沟渠、防空洞或地窖里避难的人,最终窒息而死。

应对火暴

防火员、空中巡逻和防火瞭望塔都能帮助在火势蔓延之前及早发现火情。一旦发现火情,消防直升机和灭火飞机就会火速赶赴现场,从空中往起火区浇下上万加仑[1]水、灭火泡沫或其他灭火化学物质。与此同时,消防员会顺着绳梯或利用降落伞降落地面,清理附近的可燃物品。

有规划有控制地焚烧过多的植被,能降低发生山火的危险。让人意外的是,这种做法居然能让某些特定种类的动植物受益。例如,加拿大的黑松木从某程度上说,就得依赖火来播种。焚烧植被的同时还能烧毁病树,让原本拥挤不堪的林地腾出位置孕育出新的草地和灌木丛,给牛羊提供更广阔的放牧空间。

山火多发区的植被一般在山火后复原很快。像道格拉斯黄杉树,就有耐火的树皮——虽然也不是彻底烧不毁。林主通过铺盖护根物、撒播草种和建立防火墙,帮助植被尽快恢复生机。

---

① 1 英制加仑 =4.546 升。

蓬松云顶
因为热腾腾的上升空气和冷凝下降的空气,蘑菇云拥有花椰菜一样蓬松的形状。

蘑菇盖
低层大气的顶部阻止热空气进一步上升,而横向往四周扩散。

烟幕
灰和烟聚在云底,导致蘑菇云底部看起来是灰色或棕色。

蘑菇云是如何形成的?

原子弹爆炸后那朵可怕的巨大蘑菇云,是充满了浓烟、杂物和火焰的爆炸云。那朵高高在上的蘑菇云,是产生火暴时极高的地面温度造成的。蘑菇云顶部可距离地面9千米。空气因火迅速升温,热气飞快上升,卷起水蒸气、灰和尘土。水蒸气在大气层高处冷凝,小水珠沾着灰就形成了云,若云里有足够水分,不需要多久便会形成雷暴,又闪电又下雨。闪电会燃起新的火头,可从好的一面来说,降雨能帮助灭火。

火暴如何改变天气

火暴的威力不比夏日午后的雷暴弱。

火焰上方的热空气质量比周围空气要轻,会旋转上升。这股在火焰上方的旋转气流叫热柱,像龙卷风一样,是火暴的威力中心。在适当的天气状况下,热柱内的空气以让人受不了的速度上升,达每小时270千米!

而冷空气则被卷进热空气上升后留下的真空空间里,风速之快会把周围分散的火卷到一起,形成一根巨大的火柱。在这一过程中,冷空气同时带来充足的氧气、木材和其他可燃性材料,让火烧得更旺。

火柱四周湍急的气流形成火龙卷,更会把火星往外飞散,让远处的树木和房屋也起火燃烧,扩大火灾面积。

气流
空气上升后冷却,水珠与灰混合,密度增加,形成云,云可形成风暴。

热柱
火上方空气受热后质量变轻上升。

空气填充
周围空气涌进热空气上升后留下的真空空间,形成强烈气流,加剧火势。

火暴发展过程

星星之火究竟是如何发展成一场吞噬山林的可怕火暴的？

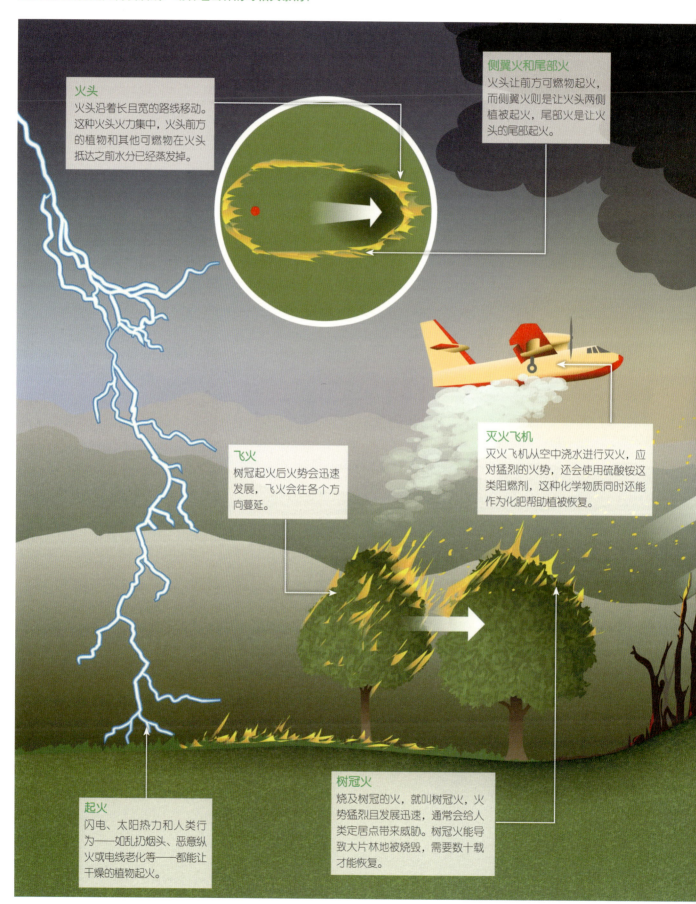

火头
火头沿着长且宽的路线移动。这种火头火力集中，火头前方的植物和其他可燃物在火头抵达之前水分已经蒸发掉。

侧翼火和尾部火
火头让前方可燃物起火，而侧翼火则是让火头两侧植被起火，尾部火是让火头的尾部起火。

飞火
树冠起火后火势会迅速发展，飞火会往各个方向蔓延。

灭火飞机
灭火飞机从空中浇水进行灭火，应对猛烈的火势，还会使用硫酸铵这类阻燃剂，这种化学物质同时还能作为化肥帮助植被恢复。

起火
闪电、太阳热力和人类行为——如乱扔烟头、恶意纵火或电线老化等——都能让干燥的植物起火。

树冠火
烧及树冠的火，就叫树冠火，火势猛烈且发展迅速，通常会给人类定居点带来威胁。树冠火能导致大片林地被烧毁，需要数十载才能恢复。

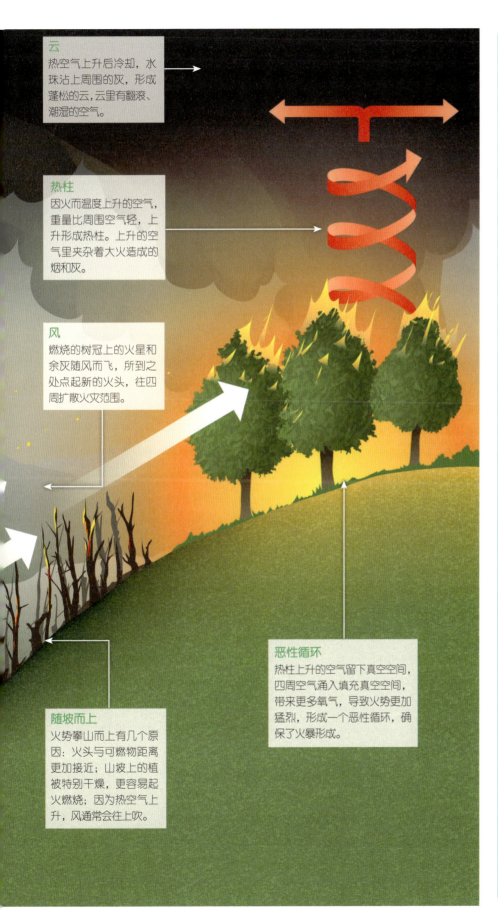

云
热空气上升后冷却,水珠沾上周围的灰,形成蓬松的云,云里有翻滚、潮湿的空气。

热柱
因火而温度上升的空气,重量比周围空气轻,上升形成热柱。上升的空气里夹杂着大火造成的烟和灰。

风
燃烧的树冠上的火星和余灰随风而飞,所到之处点起新的火头,往四周扩散火灾范围。

恶性循环
热柱上升的空气留下真空空间,四周空气涌入填充真空空间,带来更多氧气,导致火势更加猛烈,形成一个恶性循环,确保了火暴形成。

随坡而上
火势攀山而上有几个原因:火头与可燃物距离更加接近;山坡上的植被特别干燥,更容易起火燃烧;因为热空气上升,风通常会往上吹。

五起超级大火暴

1. 黑色星期六
澳大利亚在 2009 年发生国家历史上最严重的山火,导致 173 人死亡,逾 5 000 人受伤,摧毁民居 2 029 所,大量动物丧命,4 500 平方千米土地过火。火暴中温度高达 1 200 摄氏度。

2. 佩什蒂戈大火
1871 年的这场火暴,是美国历史上导致死亡人数最多的一场大火,遇难者 1 200 ~ 2 500 人,威斯康星州和密歇根州北部被毁土地面积合计 4 860 平方千米,佩什蒂戈市被烧得只剩下两幢建筑。

3. 灰色星期三
1983 年 2 月 16 日,澳大利亚南部地区和维多利亚州发生 100 多起山火,造成 75 人死亡,摧毁 3 000 所民居,损失 50 000 头牛羊。这是澳大利亚南部地区历史上最严重的火暴灾难。

4. 汉堡
1943 年,德国汉堡因"千机大轰炸"引起火暴,风速是飓风级别的每小时 240 千米,占地 22 平方千米的一座城市被夷为平地,约 44 600 名平民丧命,无数人流离失所。

5. 关东大地震
1923 年 9 月 1 日,日本关东发生 7.9 级大地震,引起一场巨大火暴,东京被烧毁面积达 45%,死亡人数逾 14 万人,其中 4.4 万人是被 100 米高的火龙卷烧死的。

第二章 植物与有机体

一朵向日葵的花盘有多达 2 000 朵小花。

植物 进化历程

你有本事像它们那样，在出生地原地待上千百万年不动弹，默默地扛着身边发生的一切坚韧地活下来吗？

说真的，扛着一身绿，还真不容易。可植物，尽管没有肌肉、大脑和独特的个性，却活下来了，还遍布全球各地。感恩它们，因为植物在地球上做的都是贡献：它们是几乎所有食物链的最基础组成，还能释放出我们呼吸所需的氧气，过滤大气中的污染物从而有效抑制污染物带来的侵蚀。在过去漫长的 35 亿年里，植物进化出 32 万 ~ 43 万个不同品种，而且每年还持续有新品种被发现。

植物生命的一切，都源于一个小技巧：利用太阳能给植物体内食物工厂供能。这个过程叫光合作用，是植物利用二氧化碳和水合成它们生长和繁殖所需要的碳水化合物和氧气。地球上最早期的植物，类似于今天的藻类，除了光合作用之外，没有太多其他功能。它们在海洋上漂浮，吸收水和日光，进行无性繁殖。为了更好地吸收日光，在大约 5 亿年前，经过植物长期的进化，地球上出现了第一批陆生植物，不过当时这些陆生植物依然需要非常湿润的环境，只能永远生长在潮湿的地区。现在我们所见的苔类和角苔类植物依然受此生长环境的限制。

从 9 000 万年前开始，维管植物出现，植物的世界变得更加繁茂且多样化。维管植物拥有维管组织，能把植物一个部位吸取的水分和养分输送到同株植物的其他部位。维管植物也不用整天浸泡在水坑里，它们的根部能往地下延伸吸收水分，茎叶往干燥的空中舒展，叶子尽情吸取日光，给自身的食物工厂供能。从此，维管植物的体积在进化过程中逐渐增大。

有些植物还能在块根里储存食物，像胡萝卜和马铃薯等。地面上，维管植物有自我保护的组织，通过光滑又防水的外皮保护自身水分供应。外皮还能让植物足够健壮，支撑着整棵植株向上生长，或是在地面上四处蔓延。

植物有分生区，那里的细胞可以分裂——也就是可以产生新的细胞。细胞要分裂出特定的形状（如叶子），要往哪个方向生长，都是由植物通过"感受"来决定的。淀粉粒的分布是重力的方向标，植物生长激素让植株的茎往空中生长，而根则为了吸取水分往地下生长。植物的叶子还有向阳性。这是因为植物的感光细胞能"看到"日光，植物生长激素让植物背光的阴暗处拥有更多感光细胞，让阴暗处的茎叶朝有日照的地方弯过去。同理，葡萄藤一遇到更高大的植株，就会为了吸取更多的阳光而攀缠上去。

陆生植物有世代交换的过程。每一个孢子体世代都会产生雄性和雌性的孢子，分别能生长成雄性和雌性的植株。这些植株就是配子体世代，雄性植株产生精子（雄配子），雌性植株产生卵子（雌配子），当精子和卵子结合，又能形成新一代的孢子体世代。通常孢子体世代是同科属的体积较大的植株，而配子体世代的体积则较小。例如，花粉是配子体世代的雄性植物个体。当雄性个体和雌性个体结合，就能产生一个种子。

当你无法自由地行走,想要播种,就需要点创意了。开花的植物会利用香甜的花蜜吸引昆虫,让它们的脚沾满自己的花粉,带到另外一株植物上去。会结果的植物结出美味的果实,诱惑动物吞食,借着动物排泄把种子散落到数里之外。

植物除了为人类提供粮食和氧气,还丰富了人类生活的方方面面。从珍贵的药材(具有药用价值的或用作香料的)到用作建筑原材料的参天大树,植物支撑起了人类的文明。以后看到植物,可别忘了跟它们道声好。

开花植物的生命周期

心皮
花中央的雌蕊,由子房和纤长脖子似的花柱构成,花柱顶端黏黏的部位,叫柱头。

子房
子房里有多个胚珠,每个胚珠都有一个配子体——具体来说是雌性配子。

胚囊
每一个胚珠内的雌性配子经过细胞分裂形成一个胚囊,胚囊内有一个卵子、两个极核和一个让花粉管通过的开口。

胚
在细胞分裂过程中,胚乳为合子提供营养。

花粉管
当花粉管进入子房,便会往胚囊里释放出两个精子细胞。

雄蕊
花的雄蕊组成结构包括柄状的花丝,上面是产生花粉的花药。

花瓣
花瓣就像美丽的霓虹灯,吸引昆虫过来吸食免费花蜜,让昆虫在不知不觉间把花粉带到另一朵花上去。

配子体
在每一个花药里,配子体——具体来说是雄性配子——被包裹在花粉囊内。每个花粉囊包括一个花粉管细胞和两个精子细胞。

柱头
花粉沾上位于花柱顶端的柱头,萌发出花粉管,顺着花柱进入子房。

种子
胚珠的外层变硬,包裹着胚,形成一颗种子。当有适当的温度、湿度和氧气时(通常是在春天),种子便会发芽,逐渐成长成一棵成熟的植株。

合子
其中一个精子细胞会让卵细胞受精,形成一个合子。两个极核和另一个精子细胞结合形成种子的养分储存处,叫胚乳。

蕨类植物的生命周期

原叶体
每一个孢子形成一个配子体,叫原叶体。原叶体比开花植物的配子体要大得多。

孢子
当荚内有足够多的孢子,荚就会爆开,弹出大量孢子。

孢子囊
蕨类植物的孢子叶下面有硬硬的荚,里面有大量孢子。

成熟蕨类植株
蕨类的历史能追溯到3.6亿年前,它们在地球上存在的时间,是开花植物在地球上存在时间的2.5倍。

藏卵器
来自另一个原叶体的精子让藏卵器内的卵子受精,形成一个合子。

成熟的配子体
原叶体既产生雌性生殖器官(藏卵器),也产生雄性生殖器官(精子器),后者能产生精子。

新的蕨类植株
合子生长成一棵新的蕨类植株,原叶体逐渐枯萎。

最奇特的植物

敏感植物
敏感植物，又叫含羞草，只要轻轻碰一下它的叶子，一股电流就会让支撑着叶片的水分流向别处，叶子马上闭合，就像动物要吓走虫子一样。

蚁植物
蚁植物是所有与蚂蚁共生、被蚂蚁用作居所的植物的统称。作为交换条件，蚂蚁会为这些植物抵御一切外来威胁。

苏门答腊腐尸花
这种花能长到0.9米（3英尺）宽，11千克（24磅）重。它散发出腐尸一样的恶臭，吸引食腐昆虫，借这些昆虫散播花粉。

斯诺登水兰
这种主要分布在威尔士的花朵很可能就是世界上最罕有的植物了。植物学家们一度认为这种花在20世纪50年代初就绝迹了呢，没想到2002年居然在贝塞斯达附近又发现了斯诺登水兰的倩影。

植物的管道系统：植物内的运输工作体系

植物内部的运输系统负责在根、茎、叶之间运输水、食物和其他营养物质。这个关键的环境适应属性让植物进化出复杂的叶片形状和高大的形态。

上表皮
植物表皮有一层蜡，防止植物水分流失。

栅栏组织（叶肉细胞）
叶绿体中有大量栅栏组织，是植物进行光合作用必不可缺的组织细胞。

木质部导管
导管将水分及溶于水的矿物质从根部向叶子运输。

韧皮部导管
导管将光合作用合成的有机物从叶子向植物其他部位输送。

扩散作用
水分通过叶子上的气孔蒸发。水分持续蒸发造成低压产生吸力，能有效地把水分通过木质部导管从根部吸到叶片。

水分移动
水分通过木质部导管运输，从根部到叶片，进入叶肉细胞。

蒸发
叶肉细胞壁的水分蒸发，形成水汽。

海绵组织
栅栏组织叶肉细胞排列紧密，海绵组织叶肉细胞排列疏松，它们是叶片的主要组成组织。

下表皮
下表皮比上表皮薄，因为它没法直接接触阳光。

气孔
阳光充足、湿度高的时候，气孔两侧的保卫细胞会张开。

花的柱头有各种形状。

吸食花蜜的昆虫腿上沾满了花粉。

根：吸收水分的原理

植物的根部通过渗透作用吸收水分——水分从低浓度溶液中透过细胞膜进入高浓度溶液，从而实现溶液浓度平衡。植物根部的溶液浓度比周围土壤溶液浓度高，所以土壤里的水分会进入植物根部。

水分进入茎部
水分继续沿着木质部导管输送到地面以上的茎部。叶片水分蒸发产生的负压也有助于水分往上运输。

水分进入木质部导管
渗透作用产生的压力让水分进入木质部导管。

根毛
根尖表皮上的毛状物增加了根部进行渗透作用的表面积。大部分水分是通过根毛吸收的。

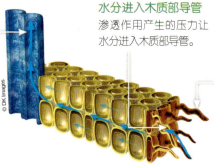

植物的食物工厂：光合作用的原理

光合作用的英文是 photos-ynthesis，这其实是一个合成词，由希腊语"光"（photo）和"合成"（synthesis）两个单词拼凑而成，完美表达了这个作用的全过程。不过，光合作用其实并非我们表面听起来的那样把光变成食物，而是以光作为化学反应的能量来源，让植物利用二氧化碳和水合成食物。

光质子暂时性地增加色素分子里电子的能量水平。换句话说，就是产生电荷。植物的主要色素——叶绿素——主要吸收蓝光、红光和蓝紫光，反射绿光（因此才呈现绿色）。部分叶子到了秋天叶绿素就会分解，剩下叶红素，反射黄光、红光和紫光。色素是叶绿体的细胞器的一部分。叶绿体负责把色素里的高能电子转移到进行光合作用的分子和酶上去。

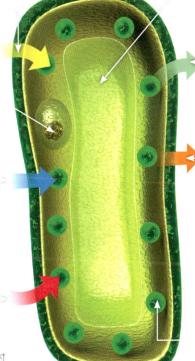

利用阳光
叶绿素和其他色素细胞从太阳光吸取光子的能量。

细胞核
细胞核内含遗传指令（DNA），并把指令传达到细胞其他组成部位。

分解水分子
通过阳光吸取的能量把水分子分解成氢和氧。

加入二氧化碳
植物需要的所有二氧化碳都通过空气获得。二氧化碳与氢结合生成葡萄糖。葡萄糖是一种单糖。

液泡
液泡的一项作用，就是储存维持细胞膨压的水分，让植物不会倒伏。

释放氧气
水分子分解出来的氧不是合成有机物所需要的成分，植物便通过叶片上的气孔把氧气释放出来。

生产食物
通过其他化学反应，植物将葡萄糖转化成各种有用的成分。蔗糖是植物的能量来源，淀粉是能量储备，蛋白质帮助细胞生长，纤维素构建细胞壁。

叶绿体
叶绿体是光合作用的机器。一个栅栏组织叶肉细胞约有 200 个叶绿体。

色彩鲜艳的花瓣是用来吸引昆虫的。

御膳橘
这种植物保持着"生长速度最快的植物"的纪录。一旦御膳橘开花，雄蕊就像弹弓一样弹出来，把花粉甩出去。雄蕊的重力加速度，是宇航员在飞行器起飞时所承受的重力加速度的 800 倍。

蝇媒花
不同种类的蝇媒花都有长长的花柱，上面布满向下生长的纤毛，让进入花内的昆虫一时无法逃出，到它们挣扎逃出时，浑身都已经沾满花粉了。

千岁兰
这种被称为"活化石"的植物生长在非洲纳米布沙漠。它们能活数百年，甚至上千年，却只有两片叶子与植株终生相伴，不过这两片叶子会一直不停地生长，最长的超过 4 米。

捕蝇植物
捕蝇植物又叫捕虫堇属植物，这类植物布满了黏黏的消化酶，能把粘在上面的各种昆虫消化掉，从昆虫身上吸取营养。

辨叶 识树

有了我们的小指南，你将会成为辨认树叶的小行家

橡树
橡树有两种主要类型，无梗花栎和夏栎（茎较短）。美军军衔标志的图案就是橡树叶。

枫树
你应该一眼就认出这是加拿大国旗上的叶子了吧。枫叶一般有3～9片裂片，每片叶子以叶茎为对称轴，形状左右对称。

赤杨树
每片赤杨树叶片有6～8对叶脉，看起来就像叶面凹下去了一样。赤杨树每年落叶的时间比较晚。

山楂树
山楂树品种繁多，但叶片结构及叶片大小相差不大。英国都铎王朝时期，人们喜欢种植山楂树，用其划分农场边界。

接骨木树
接骨木树的叶片长度比宽度大，叶缘尖齿状，且叶背有细小绒毛。叶片一般有5～7片复叶，对生结构。

花楸树
叶片属于复叶结构，有多达21对小叶，每片小叶的叶缘都呈锯齿状，叶底有灰色的绒毛。

椴树
椴树叶以心形为主，交错生长。叶缘有细小锯齿，叶脉在叶背突出。

犬玫瑰
叶柄上有5～7片复叶，尖端1片单叶，其余则呈对生排列。犬玫瑰的叶片通常无绒毛，深绿色，叶背颜色较叶面略浅。

山毛榉
山毛榉叶片结构简单，在叶柄上互生排列。嫩叶淡绿色，有绒毛，成熟后叶片颜色变深，绒毛脱落。

柳树
柳叶形状细长且叶身薄，沿柳枝左右交互生长。随着柳叶成熟，叶面绒毛逐渐脱落，正面呈暗绿色，背面则依然保留银色色泽。

榆树
榆树的叶子非常好辨认，因为它们的叶基很特别，两边不对称，且顶端突然变尖。此外，榆树叶还有锯齿一样的叶缘，及粗糙又多绒毛的叶面。

相思树
相思树叶属于单数羽状复叶，在叶茎上左右成对生长，叶端还有1片单叶。在气候炎热的国家，树茎扁平，以保护叶片不受强烈阳光伤害。

大车前草
大车前草是轮生叶，即以根状茎为中心长出，每片叶子长度5～13厘米不等，叶片多无绒毛，呈卵形。

榛树
除了叶尖有尖头外，叶片基本呈卵圆形。榛树叶边缘锯齿状明显，叶背和树茎有绒毛。

荷花
长长的荷叶茎上撑着又大又圆且布满蜡质的荷叶。荷叶生长于淡水环境，浮于水面。

梧桐
梧桐树叶一般有五裂，5根掌状叶脉从叶基伸出，延伸至叶裂。叶片边缘是圆润的锯齿状。

马栗树
马栗树的每片叶子，叶基窄，向顶端逐渐变宽。叶片中脉非常突出，叶片边缘呈锯齿状。

草莓
草莓叶片是典型的三裂，颜色墨绿。叶缘呈锯齿状，嫩叶向上卷，在生长过程中逐渐舒展开来。

蕨
蕨类植物的叶通常被称为蕨叶，从叶柄上伸出很多叶片组织。这些小叶片像羽毛一样，通常被叫作羽片。

白屈菜
白屈菜多分枝，颜色灰绿。白屈菜叶可入药，用于治疗消化系统疾病。

荆棘
每根叶柄上都有5～7片复叶，叶片有锯齿状叶缘。荆棘的长柄上布满尖锐的刺，起保护作用。

红橡树
红橡树的叶片有别于白橡树的卵圆形，叶片多裂。大部分红橡树的叶片较大，至少有10厘米长。

丁香树
泪滴形是丁香树叶的特征，叶基宽圆，另一端则像水滴一样尖。丁香树叶色泽深绿，长度大约为13厘米。

白杨树
白杨树叶有多个不规则叶裂，但接近叶基会有3～5个深裂。白杨树叶有深绿色的叶面和厚厚绒毛的叶背。

伦敦梧桐
外形与枫叶和梧桐相似，有叶裂，叶脉清晰，叶面颜色较深。秋天落叶前，伦敦梧桐叶会变成美丽的黄色或橘色。

苜蓿草
苜蓿草的叶子是典型的3叶，但目前苜蓿叶的世界纪录是56叶！苜蓿叶有万分之一的可能是4叶的，所以4叶的苜蓿叶被人们视为幸运的象征。

杨树
杨树叶片呈不常见的三角形。叶柄（叶片与茎的连接部分）是它非常重要的辨识部位，侧扁，让叶片在大风的环境下向固定一方偏侧。

刺荨麻
刺荨麻叶缘呈细致的齿状，且从叶尖到叶基，齿逐渐变小。刺荨麻可长至15厘米长。它们形状近乎心形，煮熟可食用，是菠菜的理想替代品。

白蜡树
白蜡树的叶子以叶柄为中心左右对生。每根叶柄上有9～13对叶片，叶柄顶端还有1片单叶。所有叶片的先端锐尖，边缘有小锯齿，且背面有绒毛。

有毒 植物

这些植物看似无害，实则带有致命毒性

大自然的确为我们提供了大量美味且营养价值高的植物，但有些植物，你是绝对不能往嘴里塞的！就算那些野莓和肉感可人的叶子看起来美味可口，也可能带有致命毒性，有的植物甚至碰一下也能让你中毒。人们认为，这些植物在进化过程中之所以会进化出致命毒性，是为了让胆敢把它们吞进肚里的动物和人类中毒，从此不敢再接近它们，从而达到自我保护的目的。不过有些有毒植物的毒性，对人类和动物所产生的效果大不一样。例如，5粒蓖麻籽就能要人命，但要毒死一只鸭子，却需要80粒蓖麻籽。

有些植物某一部分带毒性，让问题更复杂。比方说，大黄的茎能做出美味的点心，但若不小心吃了带草酸的叶子，就能让你又晕又吐。不过也有一些带毒性的植物是对人体有益的。像在紫杉里发现的带毒性的紫杉烷生物碱，就含有可以抑制癌细胞有丝分裂的化学物质。但你也不要傻乎乎地跑过去嚼它的叶，否则绝对有你好受的。

毒参（芹叶钩吻）
毒参浑身都有含毒性的生物碱复合物，人体吸收后会出现抽搐、心跳加速和麻痹的症状，甚至能引起呼吸系统衰竭，最终让人中毒死亡。

> "5粒蓖麻籽就能要人命，但要毒死一只鸭子，却需要80粒蓖麻籽"

指顶花（毛地黄属）
人们爱把这种观赏性强的植物种植在花园里。但一旦误食，却能引起严重的中毒症状。指顶花中所含的强心苷毒素能让人出现呕吐和腹泻的症状，严重的话，甚至能引起视觉失真和心脏问题。

金链花（毒豆属）
金链花的种子在荚里，看起来就像豆荚一样，但这是不能吃的。这种植物里含金雀花碱，量多可致死。

毒漆藤（漆属）
受损的毒漆藤会分泌漆酚油，这种物质与皮肤接触后会让皮肤奇痒无比。有的人会出现更严重的过敏反应，脸部和喉咙都会肿胀。

紫杉（红豆杉属）
这种四季常绿的乔木，除了果肉外，全都有剧毒。误服入肚有可能不会出现任何中毒症状，直到误食者突然虚脱倒地，甚至死亡。

蓖麻（蓖麻属）
蓖麻籽里含有蓖麻毒素，一种抑制细胞内蛋白质合成的有毒化学物质。误食会导致呕吐、腹泻、抽搐，甚至器官衰竭。

斑叶阿若母（别名：白星海芋）
这种外观奇特的植物含有草酸钙，一种针状结晶体。能导致嘴和喉咙因受刺激而肿胀，甚至引起呼吸困难和胃痛。

附子草（乌头属）
就算轻轻碰一下这种植物也是相当危险的，因为这种植物所带的乌头碱毒素能被皮肤直接吸收，导致心脏和气道麻痹，最终让人死亡。

藜芦（藜芦属）
亦称绿藜芦，整棵植株都含有甾体生物碱，误吞会让人头晕和呕吐，还能降低血压，放缓心率。

夹竹桃（夹竹桃属）
这种四季常绿的观赏性植物含有强心苷，不论直接吞食，还是食用接触过这种毒素的食物，都可能导致中毒身亡，即使不小心碰到，也会让皮肤受到刺激产生过敏反应。

如何避免接触有毒植物

进行园艺劳作时，记得戴上手套，避免皮肤与危险植物直接接触。

户外劳作时，要时刻留意身边不熟悉的植物，避免误碰或误食，除非你能确定它们是安全的，否则就不要往嘴里送。若碰触或吞食某种植物后身体产生异样反应，或感觉不适，马上看医生，同时记得把那株植物也带上，这样能方便专业人士确定导致你身体异样的到底是什么植物，采取哪种治疗方案最有效。对不少有毒植物，目前暂时还没有解药，但只要及时进行治疗，通常都能避免出现更严重的健康问题和死亡。

颠茄（颠茄属）
成熟的果子看着就让人垂涎欲滴，可两颗即足够夺去一个孩子的生命。颠茄含有托烷生物碱，可引起幻觉，影响神经系统。

树 的生命

你知道它们是如何从一粒小小的种子，长成森林里的参天大树的吗？你知道为什么我们离不开树吗？

在林间散步，低头看着地上那颗小小的橡子，很难想象这一颗小东西里蕴含着多大的潜能。让它落土发芽，耐心等待50年，它能长成一棵参天橡树。寿命比几代人的时间还长。而那也只不过是一颗小小的橡子而已。

科学家们估算，地球上约有3万亿棵树，约计10万个品种。每一棵树，不但能调节气候和给我们提供呼吸所需的清新氧气，还有很多让人惊讶的重要作用呢。

北半球有大约600种不同品种的橡树。

植物蒸发

水分通过树叶蒸发到大气里，这个过程叫作"植物蒸发"。

花

树的花跟其他植物的花有相同的存在理由：散播花粉和繁殖。

林地 生态

森林比其他任何一种生态环境都孕育着更多的生命

小至一片树叶，大至整张树皮。树的每一个部位，林地的每一寸，对大大小小的动物来说，都是非常有用的。大量的树形成了各种类型的栖息地，像松林和湿地林地，每一个都有不同的生态特性和独特的生物种群。

盛夏，枝叶繁茂，林地的天然绿荫吸收太阳热力，在提供避暑胜地之余，还能调节林地气温。而在寒冬，枝叶能为林地里的动物们提供遮风挡雨的理想居所。

绿叶、花蕾、果子和树皮，是松鼠、鹿和鸟等各种动物的粮食。小动物们在树枝上休息和狂欢，也在上面耐心等待猎物出现。对于要躲避地上捕猎者的林地居民来说，树上同样是个安全的避难所。

成排的树木还能把不同的生态系统接连起来，为在各种栖息地往返迁徙的动物提供绿色通道，维持它们一路上的水和食物供应。

树的结构本身也为动物们提供了各种可藏身的洞和缝隙。鸟儿在树枝上筑巢或埋身于树洞里；昆虫躲在树叶下面，蝙蝠和睡鼠在树腔里藏身；獾把编好的巢藏到树根当中。即使是一棵失去了生命力的死树，也依然有用。枯叶堆为林地食腐动物提供食物，枯枝还能为数不清的植物、昆虫和菌类带来生机。

灰林鸮以树孔为巢，在里面躲风避雨。

大树好过冬

说到在大冬天找地方睡觉，没什么比一棵树更好的了。

1. 蝙蝠
英国有 3/4 的蝙蝠在树里过冬。它们需要一个阴凉又稳定的环境冬眠。

2. 瓢虫
天气转冷，瓢虫就会在树皮底下找个安全隐秘的地方，聚在一起，耐心等到寒冬过去。

3. 刺猬
从每年的 11 月到来年 4 月，对懒洋洋的刺猬来说，空心树里的一堆干叶就是一张最好不过的床了。

4. 獾
獾在地下连通的通道网络里生活。树根能让它们筑在地下的巢穴更加舒适。

5. 蛾
取决于不同的月份，蛾和毛毛虫会在树枝上聚成一大群一起过冬。

6. 熊
这些巨大的哺乳类动物会收集大量树叶和树枝，做一张暖暖的床，蜷在里面睡一整个冬季。

7. 睡鼠
睡鼠生活在落叶林地中，为了驱赶冬天的寒意，也会做舒适的巢穴。

世界上最高的树

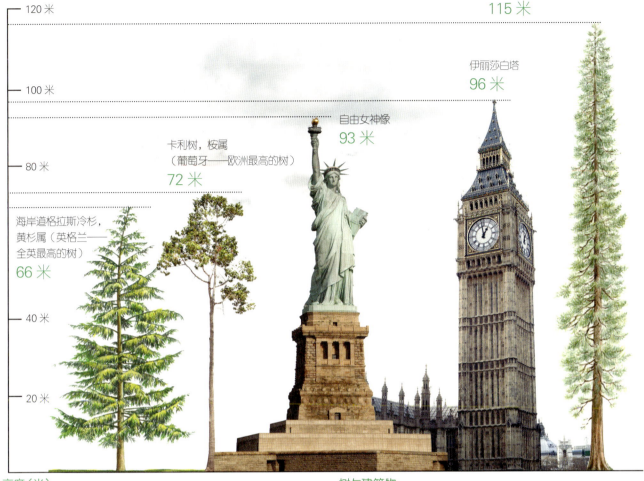

- 红杉巨树,红杉属(美国加州——世界上最高的树) 115 米
- 伊丽莎白塔 96 米
- 自由女神像 93 米
- 卡利树,桉属(葡萄牙——欧洲最高的树) 72 米
- 海岸道格拉斯冷杉,黄杉属(英格兰——全英最高的树) 66 米

高度(米)　　　　树与建筑物

论 树 的重要性

给人类提供美丽的林荫道和实用的柴火,森林于人类的功用可远不止这些

树是地球的肺,是碳循环当中一个重要环节。当树进行光合作用合成有机物的时候,它们吸收二氧化碳并将其转化成氧气释放,将多余的碳进行储存,直到树生命结束,分解后又回归大地。一整片森林同时进行光合作用,树木吸收的二氧化碳量是巨大的。大气里二氧化碳浓度上升是导致气候变化的一个关键因素,此时便更彰显出树的重要性。据估算,人类每年排放出来的二氧化碳有多达 40% 被树吸收了。

然而,若树被砍伐,我们失去的不仅仅是这些纯天然的碳储存器,还有纯天然的土地维护器和储水器。森林被砍伐后,水流能畅通无阻地流过,顺便把肥沃的表层土壤也带走了,留下一片贫瘠的土地——对依赖农耕生存的人来说,这是一场灾难。带来混乱和灾害,并严重威胁人类生命的骤发性洪水,与世界各地树木被砍伐有直接关系。而在下游地区,土壤随着水流的逐渐消失而沉积,造成水坝堵塞,继而产生更多问题。

红杉巨树分布在湿润的加州北部。

仙人掌的生存秘密

仙人掌要在地球上最恶劣的环境中活下来，靠的是什么物质和怎样的自身机制？

刺
仙人掌没有其他植物那样的叶片，而是浑身带小刺。这些小刺从多肉植物茎上专门的结构（刺座）里长出来，帮助吸收雨水以及从大气中的水分。另外，它们还对草食动物起到了威慑作用。

根
仙人掌的根埋得很浅但四散，覆盖面积大，便于尽可能吸收土壤里的水分。仙人掌根部细胞盐浓度相对高，这样便能提升水分吸收的速度。体积大的仙人掌为了能牢牢固定，根也扎得较深。

组织
仙人掌的主体主要是储存水分的组织，通常长成储水的最佳形状（球形或圆桶形）。在这个储水组织中央是仙人掌的茎，茎是仙人掌用以合成和储存有机物的器官。

皮
仙人掌皮能帮助减少持续强烈光照带来的伤害。它由坚韧厚实的纤维鞘构成，表面裹着薄薄的一层蜡。所有这些特征加上储水的最佳形状，都有助于仙人掌保存水分。

小刺不但负责吸收水分，还是自卫的武器。

花
所有仙人掌都有一根花柱，长于单室子房上。仙人掌的花多为单生，大且色彩艳丽，可以借助风和动物传播花粉。授粉后，整根花柱就会从仙人掌脱落。

　　仙人掌是石竹目的一种耐旱开花植物，在进化过程中具备了在地球上最干旱和最贫瘠的土地上存活的能力。仙人掌能一直繁衍下来，靠的是它们在形状和功能上的独特性。

　　首先，所有仙人掌的外形都具有为储水进化出的最合适的形状（球形和圆桶形），长得尽可能高，提高储水量，还尽可能减少失水面积。这能让仙人掌在短时间内大量储水——以巨人柱为例，一棵巨人柱在短短 10 天内就能吸收 3 000 升水！这种能力与当地气候有直接关系。仙人掌主要生长在地球贫瘠干旱的环境里，那些地方每年除了短暂的雨季外，长时间滴雨不降。此外，它们球形和圆桶形的结构，还能给仙人掌下方遮阴，让植株下部结构免受暴晒。

　　其次，仙人掌进化出了独特的机制适应恶劣环境，同时还保留了传统植物生长繁衍功能。仙人掌有别于其他植物最明显的特征，就是植株上的小刺，自肥厚的茎上一个个刺座（坐垫一样的"节"）里伸出来的针状结构。叶片在暴晒和高温环境下很快就撑不住而枯死，而这些小刺就代替了脆弱的叶片。仙人掌的刺具有膜状结构，能直接从大气里吸收水分（这项技能在雾天里就显得尤其重要了），吸收雨水就更不在话下了。另外，因为缺少一般的叶片，仙人掌是在肥厚多水分的茎里进行光合作用的，在肉质茎里便能不受外界强烈阳光影响，合成能量和储存水。

　　最后，仙人掌为了在一片又干又热的地里站稳，根也很特别。跟其他茎叶肥厚水分多的植物比起来，仙人掌的根扎得很浅，而且在地面下大范围扩散。这种分布特点加上它们的根部盐浓度高，都有助于仙人掌赶在水分蒸发或者向地里更深处渗透之前，最大程度地提升水分吸收速度。为了植株的稳定性，不少仙人掌还会长出一根"主根"，扎得比侧根稍深，像锚一样，以便抵御强风和动物的冲击。

植物 如何被克隆?

看看如何种植出基因一模一样的植物，以及这么做带来的好处

克隆植物的技术在农业上已经运用了几个世纪了，分根和扦插都能有效又省时地培育多棵植株。

从一棵植株顶部附近剪下一段作为幼苗，插进湿润的土地里，覆盖好，就能长出与母株基因一样的植株。这种克隆方法简单易行，不管是为了兴趣爱好而种植的业余园艺人，还是商业种植者，都普遍使用。不过近年来，植物克隆提升到了在实验室里进行的层次。

让植物克隆走进实验室的，是德国植物学家戈特利布·哈贝兰特（Gottlieb Haberlandt），他是第一个分离出一个植物细胞，并尝试利用植物细胞种植出与母株基因一致的新植株的人。他的实验最终没成功，但是向世人呈现了这种方法的可能性，让后人追随他的脚步。1904年德国胚胎学家瀚宁（Hanning），1922年科特和罗宾斯，都成功利用植物组织培养出新植株。

克隆植物的主要好处是种植者能保证利用强壮健康的母株克隆出来的新植株健康、没有病害，种植效率更高。从健康植株里分离出幼苗，也能保证农作物的质量。

回到实验室，通过培养植物组织进行克隆植株的技术得到进一步发展，使得许多植物物种可以通过改写基因进行改良。但对于基因改写依然存在极大争议，有专家认为，我们无法预测人为干涉自然规律的行为会带来何种后果。

植物克隆，可以像通过茎插的方式培育一株新的秋海棠一样简单，也可以像在实验室里用无机盐和酵母提取物溶液种植番茄一样复杂。但不管怎么说，能把一株植物变成两株，都是自然科学胜利的实证。

植物复制指南

看看植物在实验室里如何通过细胞分离进行克隆。

获取样本
从母株获得根部样本。

分离
科学家在显微镜下将细胞分离。

细胞转化
将分离出来的细胞放到装有营养液的培养皿中，细胞就会变成未分化的愈伤组织，加入生长素便能培育出新的植株。

新植株
幼苗长出根，便可移植入盆。

动物克隆又如何?

多利活到差不多7岁。

我们都知道多利羊，它是第一头成功利用一个已分化的成熟体细胞核克隆出来的动物，但人工克隆动物的历史可以追溯到19世纪末。早在1885年，汉斯·杜里舒（Hans Dreisch）用同一个海胆受精卵分裂出来的两个胚胎细胞，分别培育出一个完整的海胆个体，证明遗传信息在细胞分裂的过程中并未发生丢失。接下来的一个重要里程碑，是在1952年，科学家将一个蝌蚪胚胎细胞的细胞核植入一个未受精的青蛙卵细胞内，最后这个人工合成的细胞发育成一个完整胚胎。但让我们相信人类或许也能被克隆的，是在1996年科学家利用一头成年羊的乳腺细胞成功克隆出多利。当然了，人类要被克隆，还有很长的一段路要走，不过多利的出现，代表的是克隆技术无限可能的一个重大飞跃。

在实验室里克隆植株被用于科学研究和培育生命力更顽强的植株。

植物 如何向阳生长？

有一种激素能保证植物获得存活所需的足够阳光

植物需要依赖一个叫"光合作用"的过程来给自己制造食物。这个过程把从土壤里吸取的水和从空气中吸收的二氧化碳转化成氧和葡萄糖（糖）。在这个化学反应过程中，阳光是相当关键的，没有了阳光，植物无法存活。

植物细胞内有一种叫向光素的蛋白质，一旦吸收蓝光就会被激活。这便导致了植物的茎里面生长素（调节植物生长的激素）分布不均。科学家们还没能彻底了解这一原理，不过其中一个假说是阳光破坏或抑止生长素分泌，所以植物向阳面的生长素浓度较低。而另一个假说是认为植物茎内的生长素分子能在细胞之间移动，避开被向光素检测到阳光的部位。生长素刺激细胞增大，背光面的茎部——含生长素浓度更高的地方——也就会长得比向光面的茎部更长，导致植物向光而长的现象。

向日葵就是植物向阳性的极致表现，它们能全天候跟着太阳转，叶子和花都向日照最强的方向转动，到了晚上就恢复初始的方向，面向第二天日出一方。尽管有人认为高温有助长出更多葵花籽，可到底为什么向日葵这种植物连花都像叶子一样跟着太阳转，依然没人能道出个所以然。

向光性

在生长素的影响下，植物能尽可能吸收阳光。

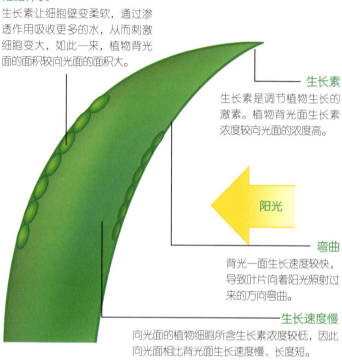

细胞伸长
生长素让细胞壁变柔软，通过渗透作用吸收更多的水，从而刺激细胞变大，如此一来，植物背光面的面积较向光面的面积大。

生长素
生长素是调节植物生长的激素。植物背光面生长素浓度较向光面的浓度高。

阳光

弯曲
背光一面生长速度较快，导致叶片向着阳光照射过来的方向弯曲。

生长速度慢
向光面的植物细胞所含生长素浓度较低，因此向光面相比背光面生长速度慢、长度短。

植物杀手

这5种肉食性植物诱捕活生生的猎物，将它们杀害后吞食，因为光合作用生产的食物已不能满足它们的胃口。

茅膏菜
茅膏菜的品种超过100种，因为浑身挂满水珠而又被称为"露珠草"。其实它们身上那些晶莹剔透的水珠是黏稠的带有消化酶的液体，昆虫一旦碰触到这些露珠，就会被紧紧粘住，慢慢被消化掉。

捕蝇草
当小昆虫或蜘蛛不小心碰到两根或以上叶片边缘的刺毛，就会引起叶片激烈反应，带刺毛的叶片会瞬间合上，把猎物困在血盆大口里。此时合上的叶片内会分泌消化酶，数天后把猎物消化完了，才会重新张开那张美丽的血盆大口。

猪笼草
这种植物利用能够散发出诱人芬芳的瓶状器官不仅能把昆虫诱惑进去，甚至还能诱捕老鼠。落网的猎物会淹死在瓶状器官里，被里面的消化液分解，营养物质就被猪笼草吸收了。

捕虫堇
这种植物通过黏糊糊的叶片来捕捉猎物。叶片上黏稠的物质其实含有大量消化酶，能分解被粘在上面的昆虫。进入冬天，部分捕虫堇会进入休眠期，基本停止捕食行为。

瓶子草
像猪笼草一样，瓶子草有瓶状的器官，昆虫常被它们鲜艳的色彩和香甜的气味吸引，误踩滑溜溜的瓶缘，掉入万劫不复的死亡深渊。一旦落入，瓶身内壁光滑且笔直，就别再想逃出生天了。

咖啡 树

小小的种子能变成一杯热气腾腾香浓顺滑的咖啡饮品。你知道咖啡是如何栽种、生长的吗？

咖啡生产从有人种植某种特定品种的咖啡树（如阿拉比卡咖啡树）开始算起。种植咖啡树时，每棵咖啡树之间要保持一定间隔，确保每一棵植株都能获得最佳生长条件（适度的光照，肥沃的土壤，足够的空间）。播种后大概4年，咖啡树就会开花。花期只有几天，这标志着结果过程的开始。

花期后约8个月，浆果成熟了，颜色变化是最明显的成熟标志：从一开始的深绿色变成黄色，最后到暗红色。成熟后便可采收，采收方法有"剥除式"和"选择性"。前者通常是不管浆果是否彻底成熟，利用机器将整棵树的浆果进行一次性彻底采收。利用这种方法，种植者能节省不少时间且采收成本低，但整体质量难以保证。而后者则是劳动密集型的采收方式，持续数个星期，工人只选择完全成熟的浆果进行采摘。这种方法不但费时且成本较高，但咖啡豆质量却能够得到很好的保障。

采完浆果，就得开始咖啡豆的加工了。加工主要分两种，水洗式和干燥式。干燥式是最古老且全球范围内使用最普遍的方法，超过95%的阿拉比卡豆都是通过干燥式进行处理的。所谓处理，主要是把枝条、泥土和其他碎屑清理掉，再铺到太阳底下晒干。在晒的过程中，每天还得手工翻面，确保晒得均匀，也能防止晒不到的地方出现霉菌。该过程最多耗时4周，就可以拿去脱壳和抛光。

而水洗法第一步则是脱壳，先从浆果里取出咖啡豆，再进行干燥处理。首先是把浆果倒进大水槽里，经滤网过滤，再进行发酵去除剩下的果肉。至于干燥步骤，就是把咖啡豆摊开在院子里晒干。

最后一步是研磨。为了提高质感、外观、重量和整体质量，研磨细分为4个步骤。首先，将已经进行了干燥处理的咖啡豆进一步去除残留的果肉和内果皮。其次，将咖啡豆抛光打磨，把之前的步骤中产生的黏附在咖啡豆上的杂物彻底去除，改善外观。但这一步并不是必需的步骤。然后，就把咖啡豆放进筛选机，按照大小和重量分类（体积和重量较大的咖啡豆比体积和重量小的咖啡豆能产生更浓郁的香气）。最后就是把咖啡豆分等级，这是按照生产过程中各个方面进行评价的过程。

图解咖啡树

叶
咖啡树的叶子通常相当茂盛，种植时需要注意控制树叶的浓密程度，以防影响浆果结果。

花
播种之后2～4年，阿拉比卡品种的咖啡树就会开出小小的白色芬芳小花。花期只持续数天，之后便会结出浆果。

茎
咖啡树一般高度在1～3米。根从土壤吸取养分后通过茎往植株各部分运输。

咖啡豆
每棵咖啡树能生产0.5～5千克咖啡豆。咖啡豆被从浆果里取出后接受加工处理和烘焙。

浆果
浆果长在茎上，一团一团的。刚长出来呈深绿色，渐渐变成黄色，然后是红色，完全成熟的浆果是泛着光泽的暗红色。浆果在咖啡树上完全成熟后便可采摘。

图解咖啡浆果

表皮
包裹咖啡种子的一层薄薄的保护层。

内果皮
咖啡浆果的内层膜，包覆在表皮外。

果胶
果胶有很多果酸，位于相邻的细胞壁间的胞间层中，把细胞粘在一起。

中果皮
咖啡浆果的果肉。

胚乳
在种子里的组织，负责提供营养——淀粉，胚乳中还含有油脂和蛋白质。

外果皮
含有油腺和色素，是外层保护皮。

第三章 地球美景

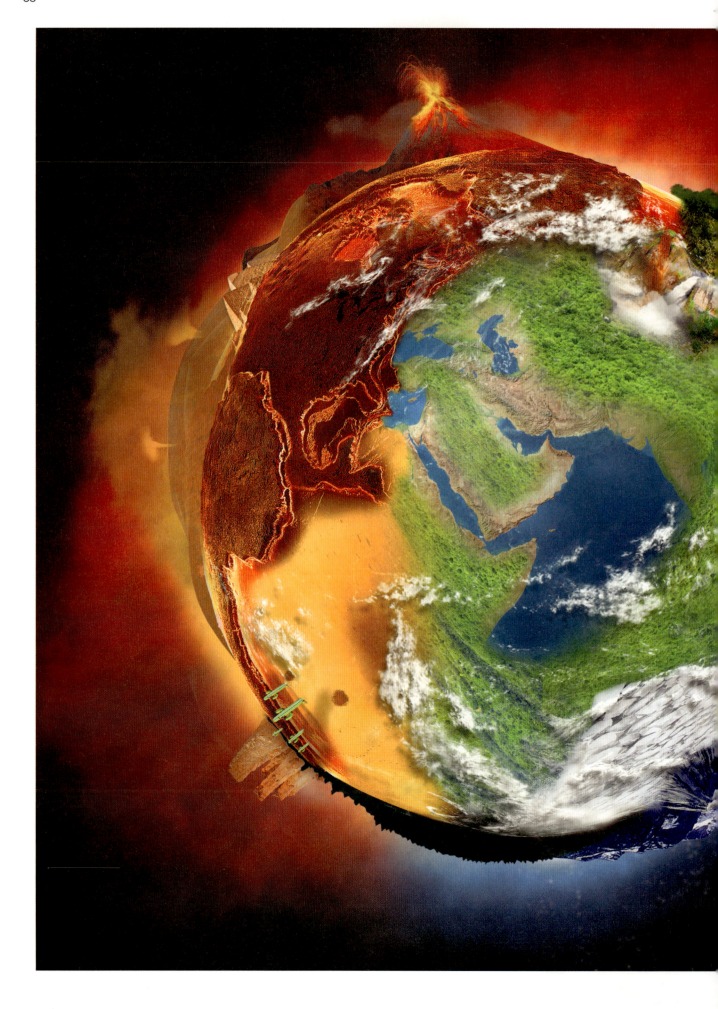

极地 求生

要到地球最蛮荒狂野的地方去并活着回来，
你需要这些求生技能

对不少人来说，遛狗遇上暴雨，得在暴雨中把狗牵回家，也算得上是日常生活中遭遇的恶劣天气和倒霉事了吧。但在城市以外，地球上还有一些地方是不适合人类生存的。尽管人类已经成功地在地球大部分陆地表面定居，但仍有许多地方，除非你天性热衷挑战极限或迷路迷得分不清天南地北了，否则，你是不会轻易去涉足的。

不管是计划之内还是意外事故，历史有少数奇人就曾直面过地球对人类发起的最恶劣挑战，并活着回来诉说一段传奇。不过更多的挑战者却是葬身在那一片极寒大陆或一望无际的沙漠中。就算是准备最充分的探险家，也可能在大自然的威力面前束手无策。

接下来的几页，随我们一起在沙漠里探寻水源，穿越茂密的森林，攀登终年不化的冰山，看看在这些极端环境里你会遇到何种意想不到的危险。这些极境温度能在几小时内骤降，风速能快得让人无法呼吸，脚边的毒蛙也随时能将你置于死地……要生存，我们需要专业的道具和技能。

虽说我们无法让你马上变成下一个雷诺夫·范恩斯（探险家），但最起码我们希望万一你不小心闯进了北极圈或撒哈拉沙漠，你还能为自己争取到一线生机，最终活着回来。

抗冻

快要冻死的时候该如何活下去

南北极都在地球上最不适合人类居住的地区之列。即使是在夏天，两极气温也极低，风速能达到每小时 327 千米。不用怀疑，冰冷的温度就是那里最致命的杀手。在极地上行走，记得穿足够保暖的衣物，套上一层又一层透气的羊毛衣，保持衣物干燥。任何水只要暴露在空气中就会结冰，就连鼻毛和眼睫毛也会在短短几分钟内开始结冰，所以把自己裹严实了是相当重要的一点。

人体对热量流失非常敏感，马上就会收缩皮肤下的血管。这就是人感觉冷的时候会脸色苍白、手指和脚趾会失去知觉的原因。同时，肌肉也开始不由自主地颤抖。这样最多能增加 5 倍的热量，但同时也消耗相当多能量，你需要继续吃喝才行。在冰冷的极地，每天要喝 6～8 升水，摄取大约 6 000 卡路里[①]的热量，这大概是日常建议摄取量的 3 倍。在饮食中多加牛油，或者多吃巧克力和培根，就能达到热量需求，所以热量摄取达到标准还不算太难！

不过在这里必须特别提醒：随时保持警惕。饥饿的北极熊，尤其是带着嗷嗷待哺的幼崽的雌熊，具有很强的攻击性，而且它们都是伪装高手。火和巨大声响一般都能把它们吓跑，但也不是绝对的。走路也得步步留神，一不小心踩进裂缝的话，就很可能会掉进冰冷的海洋里。走在白色的冰面上基本安全，而灰色的冰就只有 10～15 厘米厚，承重能力不强，容易破裂，至于黑色的冰面，无论如何一定不要踩，因为那是刚形成的冰面。如果你想生存下去，就要小心行事，注意保暖，继续前行。

神奇的动物

北极具有地球上最恶劣的环境，而北极狐这种神奇的小动物却能适应那里的环境生存下来。北极狐毛茸茸的脚和短短的耳朵能在极寒的环境里减少热量散发。它们的毛也能随季节变化而变化。当北极一片雪白时，北极狐的皮毛就如同雪地一样洁白，这种保护色让它们避免被捕猎者或猎物发现。而当冰雪融化后，它们的皮毛又会变成棕色或灰色，让它们完美藏身于岩石当中。北极狐是肉食动物，主要以啮齿动物、鱼和鸟为食，但在肉类匮乏的时候，也会吃植物维持生命。

在寸草不生的冰冷大地上找吃的是顶生存大挑战。

在蛮荒的极地，很难找准方向。

北极熊是北极地区最致命的杀手。

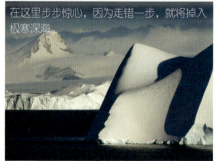

在这里步步惊心，因为走错一步，就将掉入极寒深海。

---

① 1 000 卡路里 =4.184 千焦耳。

极地保命装备

看看要怎么穿才能在极地保暖

帽子
能把头和脖子，甚至连耳朵都保护妥当的帽子非常重要；还得有带子才能系牢固，否则强风一吹就掉了。

羊毛衫
最里面应该穿一件薄薄的透气的羊毛衫，保持身体干燥不被汗湿。

外套
外套必须防风又防水，这样才能让你保持干燥且保暖。袖口纽扣记住扣紧。

靴子
保暖就是保命——不是开玩笑——羊毛内衬的靴子是最好的。通过饰带来扎绑的靴子比系鞋带的好，但不能绑太紧，否则会导致脚部血液流通不畅。

护目镜
配有偏光镜片的护目镜是最好的，能过滤雪地反射的刺眼光线，让你能时刻留意雪地上的裂缝和坑洞。

巴拉克拉法帽
尽量把自己包裹严实，一顶羊毛巴拉克拉法帽能帮你保住大部分热量。

连指手套
虽然分指手套能有更大的灵活性，但连指手套把手指都裹在一起，更保暖。

裤子
防水防风的裤子是必需品，同时还得透气。你不会想汗湿了双腿，把身体宝贵的水分白白浪费掉的。

撑过晚上

建个雪屋好过夜

选址
首先要选择斜坡位，这意味着你要干的活少了很多。在雪地里挖条0.6米深的雪槽，走进雪槽里把两边的冰切割成块状的冰砖。冰砖要切割得规格统一。

挖个睡觉的地方
向着通往斜坡的方向再挖一条雪槽，大约0.5米宽。这是入口槽。留下空隙并在里面多挖一个洞，但里面的洞要比入口槽浅。那里将是你睡觉的地方，保证你能躺进去。

建雪墙
在睡觉的雪槽周围围一圈冰砖，在入口槽附近留个口。用冰砖在入口槽上方围成半圆形。入口槽要围得尽量小，这样就能尽量减少热量散发。建好后在外面往冰屋上泼桶水，让冰砖更紧实地冻结在一起。

冰上垂钓

用螺旋钻——能钻出个大洞的钻——在冰上钻个洞。选在灰色的冰面上钻洞，那里的冰大概15厘米厚。洞的直径大概0.5米。在距离冰洞1米远的地方摆好你的凳子，把钓竿悬于洞上，钓线垂入水里。钓竿长度1米左右为适中，选材要够坚韧。饵钓线长约2米，放下后就等着鱼儿上钩吧。把鱼拉上来，天然冰鲜处理，直到烹饪为止。

简单的工具就能给你带来维持生命所需要的食物。

南极洲冰层平均厚度——2 126米，相当于6.5座埃菲尔铁塔

南极的冰占了地球淡水资源的 **70%**

北极有400万永久居民，而南极却一个也没有。

若南极冰层全部融化，世界海平面将会上升58米。作为对照物，自由女神像的高度是93米

活着回来

绿色天篷下潜藏的各种夺命危机

要说死亡陷阱哪里多,地球上没什么地方比得过丛林了。从各类蛇蟒到毒蛙,从浆果到河流,在森林里行走的每一个人,都必须时刻警惕。

最明显的威胁来自丛林里的大型野生动物,像栖息在印度丛林里的老虎和在南美热带雨林里的美洲豹。万一遇到它们,保命的最好方法,就是站着别动,希望别被它们发现,或者赶紧逃,找个地方躲好。万一真被它们发现,要想办法让自己看起来尽可能高大,大声喊,这样会让它们受到惊吓。

但也不要天真地以为体积较小的丛林生物就不会带来多大威胁。不少娇小的动物甚至比大猫还致命。黄金箭毒蛙毒性特别强,一只就足够毒死10个成年人。黄金箭毒蛙的毒素在皮肤里,不管是吃进肚子,还是轻轻碰一下,都有可能带来灾难性的后果。更别说那些危险的蛇、蚊子、食人鱼、鳄鱼和熊了。丛林可不是胆小的人该去的地方。随身带上足够的含有避蚊胺(DEET)成分的驱虫剂,行走过程中尽量制造各种响声,先发制人地把那些有可能攻击你的生物吓走。

行进过程中,随时要惦记着你的下一餐。水果、植物、昆虫、鱼,都是餐单上的食物,但你需要一本书,帮你从一大堆有毒的动植物中筛选出可以安全食用的。色彩艳丽的千万不要吃,这种美丽的外表通常都是在进化过程中用以警告捕猎者别吃的信号。

在温暖的环境下不吃东西能撑60天,可要是不喝水,人绝对撑不过72小时。必须随身携带水净化装置或水净化片,确保饮用水安全。雨天接雨水饮用也行,但必须在水滴落地之前,以避免感染霍乱等疾病。

在丛林里能要你命的东西数之不尽,若了解什么能吃什么不能吃,以及如何避免被捕食,将会有很大的帮助。如果因为迷路误入丛林,急得要大呼"救命啊"的话,沿着水源走到尽头,总能把你带出丛林的。总之一句,在丛林照顾好自己,真的不是在开玩笑啊。

印度丛林里的老虎是致命捕食者。

10

一只黄金箭毒娃足够毒死10个成年人。

神奇动物

倭黑猩猩栖息在刚果民主共和国的雨林里,是人类近亲之一,它们的基因与人类基因相似度超过98%,并且拥有一项了不起的能力:模仿人类行为,包括使用工具和解决问题。

它们已经适应了雨林生活,以各种水果、植物、小型啮齿动物、昆虫,甚至土壤为食。饮食多样化意味着它们不会挨饿。

倭黑猩猩还是非常善于交际的动物,一个族群的数量能多达100只。为了避免近亲繁殖,雌性倭黑猩猩还会在不同族群间生活,而雄性则终生在同一个族群里生活。

躲过吃人猛兽

要想不被丛林里吃人的猛兽发现,你必须做好以下三点

掩盖行踪
像大猫那样的猛兽非常善于追踪猎物,一旦下定决心要抓到你,不达目的誓不罢休,尤其是它们饿了的时候。在水里行走能避免留下痕迹,更不容易被它们发现。

伪装
在丛林里行走记得穿上整套迷彩服伪装好自己。如果没有迷彩服,就把泥巴往身上抹,再把树枝和树叶插身上,尽量把自己与周围环境融合起来,减少被发现的可能。

掩盖气味
内衬有活性炭的外套能有效防止你的体味散发到空气中。没有这类衣服的话,就用泥土或者气味浓烈的植物来掩盖自己的气味。

丛林保护套装

帮助你藏身、散热和保你安全的衣服和装备

太阳眼镜
就算是在丛林里,阳光也可以是非常刺眼的,所以你需要一副防紫外线的太阳眼镜。

长袖衫
轻薄透气的布料能让你保持干爽凉快,但要确保你的衣服不会紧贴皮肤,否则容易被蚊虫穿透叮咬。

防虫喷剂
除了疟疾,蚊子还是多种疾病的病菌载体,所以随身带上含有避蚊胺成分的驱虫剂非常重要。

生命吸管
这种吸管真的能救命!吸管里的过滤物质能把脏水里99.99%的病菌过滤掉。

裤子
裤子的长度是关键。千万不能把脚踝裸露在外,蚊子最爱叮那里了!

帽子
一顶宽檐帽能让树上掉下来的虫子不直接落到你身上,同时也让你没那么容易被树上的动物发现。

背包
背包的一个最关键作用,就是释放你的双手。在丛林里使用的背包必须是防水的,颜色也必须和周围环境完美融合,还得背得舒适。

雨披
丛林和雨林里的雨说来就来,一件轻便快干的雨披是实用性非常强的配备。

砍刀
在丛林里寸步难行时,你需要一把大刀或砍刀,从挡路的浓密粗壮的下层树丛里清出一条路来。

靴子
太厚重的靴子只会增加你的负担。厚实的运动鞋或橡胶长筒靴就已足够。

可食用性测试

如果不是植物学家,要想分辨哪种植物能安全食用是相当困难的。这时候你需要一个百试百灵的可食用性测试。在进行这项测试之前的8个小时里什么都别吃,只能喝水。

第一步是把受测试植物的每一部分分开,例如根、茎、叶、花、花蕾。一个接一个地把植物的每一部分进行研磨,然后分别把研磨出来的植物泥涂在皮肤上,看会不会有不良反应。如果皮肤出现水泡或起皮疹,基本上吃进肚子都不会有好事发生了。

如果第一步没有引发皮肤不良反应,若条件许可,便可进行第二步,嘴抿植物。用双唇抿着植物几分钟,如果有灼烧的感觉,马上吐掉。若这一步也安全通过,最后一步,是把植物放舌头上。同样的,若舌头感觉疼痛或有任何其他不良反应,赶紧吐出来,并彻底清洁口腔。要谨记,吃起来味道糟糕和食物中毒可完全是两回事!

把植物放嘴里咀嚼15分钟,如果还没感觉任何不妥,就吞下。之后8小时内依然不能吃东西,看身体会不会有任何不良反应。若没有,那恭喜你找到了一种能在危急关头救你一命的食物来源了!

酷热求生

如何在沙漠的极端温度里生存

南北极终年极寒,而在沙漠里,其中一个生存大挑战,就是如何应对一日内极端的温度变化。正午时分,撒哈拉沙漠温度能达到 50 摄氏度,可到了晚上,那里的温度可跌至 0 摄氏度以下。在那里最适合的着装,是套一件宽松的外套,这样在白天有助于空气在身体周围循环,让身体没那么热,汗湿了也不会黏糊糊地贴在身上。而到了晚上,温度骤降,你可以把外套裹紧保暖。

保护好头部是至关重要的。休假时在游泳池晒伤就已经让你觉得够难受了,要是在烤炉一样的沙漠里走一天简直就是要人命。一定要用什么东西把头部和颈部裹好,这样你就不会中暑,因为中暑能让你产生幻觉和昏厥。

沙漠里其他危险因素主要来自蝎子。它们潜伏在黄沙里,只要用尾巴往你身上一刺,就足以让你身体麻痹,甚至死亡。一双结实的靴子不但能防止脚部遭到这些可怕爬虫类的攻击,还能让你在沙地上的行走省力很多。虽说沙漠里的蝎子不是宠物的理想选择,但它们确是很重要的蛋白质来源。捏住蝎子尾针下面的部位把它们提起来,是最安全的抓蝎子的办法。蝎子能为你的沙漠旅途提供重要的蛋白质。但记住,蝎子尾巴不能吃。

在沙漠里你还得重新调整生物钟。日间休息,夜间出行。这样不但能避过日间暴晒的烈日,还能确保你在冰冷的寒夜保持活跃,通过观星宿确保正确的行进方向,助你尽快逃离沙漠回归文明世界,一举多得。

巨大的岩石或峭壁都是不错的容身处。或者你也可以在温度没那么高的沙地上挖个沙槽,在上面用衣服或手头上能用的其他东西做个篷顶,用石头或沙子固定好。只要篷顶的方向对了,能给你遮阴,就不怕太阳晒了。

在沙漠里导航

沙漠不只是一片一望无际的不毛之地,它是会移动的,所以在沙漠里找对方向并不容易。最简单的方法,当然是用指南针了。若身上没有指南针,你可以在夜间利用北极星作为临时的指南坐标。

沙丘也能成为实用的方向标识,尽管它们时刻都在移动。风吹黄沙堆积成沙丘,沙丘堆积的方向,基本上与风向正好成 90 度直角,所以即使没风的时候,如果你能知道吹过的风是北风,那沙丘延伸的方向便是东和西。

若你有幸发现地标,尽可能笔直地朝着地标前进,这样就能保证在行进过程中不会拐错了方向。

若没有万全准备,晚上骤降的温度能把你冻坏。

一望无际的黄沙会让人迷失方向

神奇动物

骆驼拥有"沙漠之舟"这一响亮称号,是一种神奇的动物,能不吃不喝在沙漠里行走好长一段时间。

人类在大约 3 000 年前开始驯化野生骆驼。自那时候起,骆驼就给在沙漠里往返谋求生计的人提供很大的帮助。它们能毫不费力地驮着 90 千克重的物品,一天内在沙漠行走多达 32 千米,而且就算一个星期不喝水,好几个月不进食也能撑得下去。

骆驼的脂肪储存在驼峰里,作为骆驼自身的能量储备。且一只骆驼一口气能喝掉 145 升水,存着日后用。它们已经在进化过程中变得能够完美地在沙漠里生存,闭上薄薄的眼睑也能视物,格外长的眼睫毛即便是沙暴也能应对。骆驼连脚掌都被厚实的茧保护着,宽大的脚掌还能防止走动时陷入沙中。

60 摄氏度

会导致人的体温过高和死亡

沙漠行装

在地球上最炙热的地方生存，你需要这些装备

帽子
不戴帽子会让你中暑，一定要把自己的头部和颈部包裹严实。

睡袋
睡袋在白天能给你遮阳，晚上能给你保暖，艳丽的色彩也非常有用，方便搜索队找到你。

防晒霜
烤炉一样的温度不需要多久就能把你晒伤，防晒指数高的防晒霜至少能给你提供多一点保护。

太阳眼镜
沙漠有滚滚黄沙，也有刺眼阳光，太阳眼镜毋庸置疑是必需品。

水壶
这会是你的最佳密友。定期小口小口地给身体补充水分，看到有水源，记得把所有水壶都装满。

衣服
衣服必须合身又不紧身，减少出汗，又能防止脱水。

鞋子
当然知道你热得只想穿凉鞋，但运动鞋或步行靴才能给你提供必要的保护，也能让你在沙地上走得更稳。

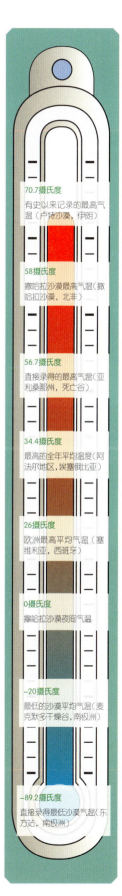

70.7摄氏度 — 有史以来记录的最高气温（卢特沙漠，伊朗）

58摄氏度 — 撒哈拉沙漠最高气温（撒哈拉沙漠，北非）

56.7摄氏度 — 直接录得的最高气温（亚利桑那州，死亡谷）

34.4摄氏度 — 最高的全年平均温度（阿法尔地区，埃塞俄比亚）

26摄氏度 — 欧洲最高平均气温（塞维利亚，西班牙）

0摄氏度 — 撒哈拉沙漠夜间气温

-20摄氏度 — 最低的沙漠平均气温（麦克默多干燥谷，南极洲）

-89.2摄氏度 — 直接录得最低沙漠气温（东方站，南极洲）

解渴救命

寻找沙漠里最珍贵的资源

跟着野生动物走
沙漠里生活着一些鸟类和陆生动物，它们都需要水。试着尽可能追踪它们，希望它们能引导你找到水源。

阴凉的崖壁
在你寻找难得的阴凉处的时候，你很可能会幸运地发现水。朝北的洼地和山脊处，很可能有水洼和水塘。

更葱绿的草
有植物，就意味着附近有水源。走进长满绿色植物的沙漠山谷里，就算没在那里发现泉水或水塘，你也可以通过植物的根和叶收集水。

与夺命海拔抗争
如何安全翻越最变幻无常的地形

山地是生存的终极考验。山地天气转瞬即变且无法预测。就算山脚天气温暖阳光和煦,当你到达山顶时,低压的云层也可让你目不能视,降雨可使地面湿滑,低温能把你冻僵。

进入山地,需要准备万全,带上一整套装备。背一个大背包,装上地图、指南针、手电筒或头灯,加上色彩鲜艳的紧急救生毯,身上穿保暖、防雨又防风的衣服,还得时刻保持身体水分平衡。在高海拔地区身体脱水会导致头晕、剧烈头痛甚至冻伤。若身上携带的饮用水不足,就去找溪流,也可以直接把雪或冰块融化来喝。

对不少登山者来说,海拔高度是个大难题。海拔越高,气压越低,意味着你每一次吸气能吸入的氧气量越少。缺氧会导致脑部对身体进行相应调节,除了最重要的内脏器官外,身体其他部位活动能力下降,让人四肢沉重,头脑昏沉。这时你要做的最重要的事,就是停下来休息,直到你的身体重新获取足够氧气。

如果你当时正在找路离开山地,那最佳的路线就是往下走。不过山地地形复杂,未必随时都能找到一条轻松下山的路。可以的话,沿途做好标记,避免一直在原地打转。山地还有很多不显眼的危险裂缝。时刻留意雪地和冰面下的裂缝,若有任何不确定,最好找块小石头往那里扔,可能会让你避过一个隐蔽的深渊。

如果山上能见度太低,最安全的做法应该是找地方过夜。找一处风吹不到、雨雪打不着的地方,像山洞或突出的崖壁下方。用雪把自己围起来会是个明智的做法,虽然这么说听起来很奇怪,雪确实可以保暖。尽量把自己裹厚一点,这样能让你暖暖地撑过一晚,到了早上再继续找路。

神奇动物

山羊的身体构造非常适合在山地环境里生存。它们的蹄子有一定弧度和灵活性,在高低不平又陡峭的山坡上能够非常稳地站在那里,动起来飞檐走壁一般。虽然看起来身体又瘦又长没几两肉,但其实它们的腿部肌肉非常发达,一跳就能跳出很远的距离。

山羊毛分两层,贴近皮肤的是细软保暖的下层绒毛,外面稍长的被毛能防水,不让内毛沾湿。正因为这样,当天气寒冷,体型较大的动物都渐渐离开低气温高海拔地区向低海拔地区转移时,在高而陡的山坡上,依然有山羊跳跃的身影。

天气瞬息万变,记住做好万全准备。

7 500 米
能使 1/3 登山者出现幻觉的海拔高度

一不小心,登山者就会陷入不起眼的裂缝和坑洞里。

登山装备

勇敢地走进严酷的山地环境，你需要准备什么？

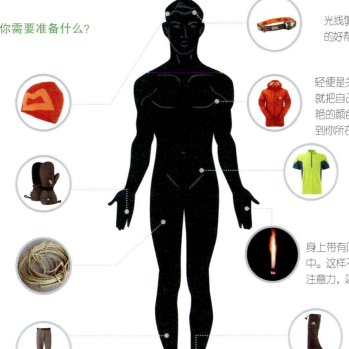

头灯
光线够强的头灯是你在黑暗中找路的好帮手，还不需要用手拿着。

外套
轻便是关键，毕竟你不想套着件外套就把自己累个半死。另外，记住选鲜艳的颜色，这能让搜救队员更容易找到你所在的地方。

T恤
用透气布料做的松紧合适的贴身T恤不但能保暖，还能防止出汗。

闪光弹
身上带有闪光弹的话，在夜晚发射到空中。这样不但能更容易吸引搜救队员的注意力，还能帮你吓退捕食动物。

靴子
长筒靴能防止脚被雪和雨沾湿，但你需要经常刮刮鞋底，因为鞋底会沾上不少泥土，降低防滑性。

无檐小便帽
适合你头型大小的帽子不但能为你保暖，还不会被风吹飞了！

连指手套
虽然分开的手指能更灵活，不过更重要的是让你的手指聚在一起保暖。

绳索
一条耐磨又强韧的登山绳索能在你睡觉时保障你的安全，也可以帮你攀爬或穿越危险道路。

裤子
你所选的裤子要既能让你保持干燥，又能放一些小物件，随手可用，所以你需要一条有很多拉链口袋的防水裤。

随行记录

随身带着一台 GoPro 的 Hero3⁺ 防水防震摄像机，记录行程是非常方便的事。这款摄像机相当耐用，轻便又防水。你可以将摄像机装在头盔或背包上，这样就能在登山时腾出双手了。

用摄像机记录行程的另一个好处，是一旦离开山地回到安全的地方，你就能和专业人员一起研究录下的片段，看一路上有哪些地方做得不足甚至出错了，避免下次再犯同样的错误，陷入同样的困境。

让篝火一直烧

如何在山上保暖

找木头
你需要各种各样的木材，从小枝丫到大树枝甚至木桩。小的更易燃，可以很快烧起来，而大的则能持续烧更长时间，让火烧得更旺，更暖和。

搭火堆
在地上挖个小坑，四周围上一圈石头，这样火就不会失控了。在柴火堆的最下面放小枝丫，但别堆太紧，留点空隙，这样才能让空气流通，有氧气保证火不灭。

生火
把大的枝条和木桩竖起并倾斜地对放，让中间有空间使空气流通，也能让四周的木材烧得均匀。确保所有枝丫和木头都是相连的，这样火才能从一根枝条蔓延到另一根枝条上。

瀑布 的奇迹
世界最壮观的瀑布背后的故事

　　大瀑布，是地球上最壮观的地质特征之一。从尼亚加拉大瀑布声如滚雷一样翻落的水流，一秒就能填满一个奥林匹克运动会标准游泳池。从大瀑布上飘出的水雾会让观光者浑身湿透，100分贝的巨响堪比摇滚演唱会的音量。

　　瀑布，其实就是溪水或河流从断崖或石阶上倾泻而下的景象。瀑布多形成于河流从基岩坚硬的高处向基岩相对松软的低处流淌的地方。松软的岩层容易遭到侵蚀和溶蚀，渐渐就造成了河床的地势差，最终形成瀑布。像位于阿根廷和巴西交界处的伊瓜苏瀑布，上部三层基岩是古老耐侵蚀的熔岩，而下部基岩则是松软的沉积岩。

　　任何产生梯度的地壳运动都有助于瀑布的形成。1999年，中国台湾地区一场地震，把地壳板块中间的岩石推高，导致地壳运动变化地区的数条河流都出现明显的地势差。短短数分钟内，附近地区便形成了多条新瀑布，有的落差甚至高达7米——比一辆双层公交车还要高呢。

　　还有不少瀑布是由冰河时期的河流形成的。这些冰川加深了山谷，新西兰的米尔福德峡湾就是一个很典型的例子。冰雪融化加上浅浅的支流，让水流高高地"悬"在山谷上，如今博文河的河水就是这样从162米高的地方坠入米尔福德峡湾。这高度堪比人称伦敦"小黄瓜"的那幢摩天大楼了。

　　不同类型的瀑布，外观上看起来也是大不相同。有的柔美若丝带，有的奔腾如山洪，但大致可以分为小瀑布和大瀑布两种。小瀑布顺着不规则的阶梯式基岩跌落，而大瀑布则宏伟得多，而且伴有湍河。

　　大瀑布有着气吞山河的宏伟气势，似乎能持续到地老天荒。然而，大瀑布只能持续几千年——在地质时期的划分上，这只是转瞬即逝的一瞬间。伊瓜苏河携带的碎石正在慢慢侵蚀着瀑布基岩上松软的沉积物，导致上方的熔岩破裂坍塌。侵蚀已经导致伊瓜苏瀑布向上游退了28千米，留下巨大的山谷。

　　瀑布生于侵蚀和溶蚀作用，却也毁于侵蚀和溶蚀作用。大约5万年后，尼亚加拉大瀑布的瀑口将会向后退32千米，退回到它的源头伊利湖，届时，人类将再也看不到尼亚加拉大瀑布了。

　　瀑布的威力和气魄让人无法忽视，千百年来一直吸引着冒险家前去尝试各种玩命挑战。

侵蚀的威力

瀑布看起来是永恒的存在，然而，因为侵蚀作用导致地质变化，瀑布其实是在持续变化着的。岩石逐渐被侵蚀。河流携带沙砾、卵石，甚至岩石，像砂纸一样不断研磨河床。

瀑布通常形成于水流从基岩坚硬的高处向基岩相对松软的低处流淌的地方。历经几千年，松软的岩石被侵蚀，河床变得陡峭。河水顺着陡峭的河床倾泻而下，进一步加剧侵蚀的力度。最终坡度接近垂直的角度，水流开始向后侵蚀。一部分悬空的岩石坍塌，渐渐地，瀑口便向上游水流源头的方向退回去了。

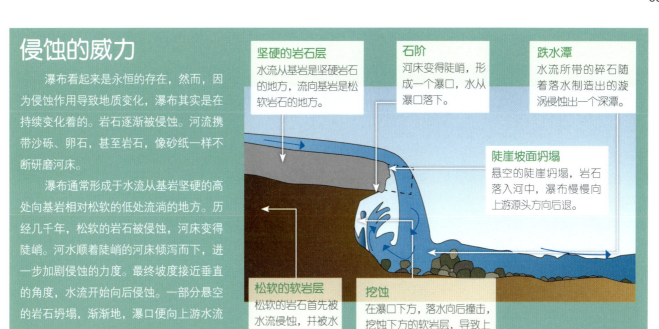

坚硬的岩石层 水流从基岩是坚硬岩石的地方，流向基岩是松软岩石的地方。

石阶 河床变得陡峭，形成一个瀑口，水从瀑口落下。

跌水潭 水流所带的碎石随着落水制造出的漩涡侵蚀出一个深潭。

陡崖坡面坍塌 悬空的陡崖坍塌，岩石落入河中，瀑布慢慢向上游源头方向后退。

松软的软岩层 松软的岩石首先被水流侵蚀，并被水流带走。

挖蚀 在瀑口下方，落水向后撞击，挖蚀下方的软岩层，导致上面的岩石层悬空。

地球上哪条瀑布最壮观？

这是一个没有确切答案的问题，因为衡量瀑布大小的标准有多个。有人用高度和宽度来衡量瀑布大小，但世界上最高的瀑布，安赫尔瀑布（天使瀑布）却只有几米宽，要算宽度，它却不是世界第一；也有人按照瞬间落水量把瀑布分为10个等级。

没有一个计算方法是完美的。位于刚果民主共和国的博约马瀑布按照瞬间落水量来计算，是全球最大的瀑布，但有人反对说，汹涌的水流其实是湍河造成的。人们最常用的分类方法，是瀑布的形态，这种分类方法虽简单易懂，却也不太科学，因为不少瀑布同时拥有好几种形态。

冰瀑布

在美国科罗拉多州，攀冰岩的人每年都能看到一条叫狼牙瀑布的冰瀑布———条不需要任何支撑，高3米、宽数米的冰柱。冰瀑布，这名字听起来很奇怪。河流结冰很慢，因为移动的水流里有一定热量，而且会进行热传递。当气温跌至冰点以下时，水流温度降低，会形成叫碎晶冰的晶体。虽然它们只有几毫米大小，但它们黏结。这些碎晶冰粘上基岩，或在瀑口岩石上形成冰柱。寒潮持续一段时间后，整条瀑布就完全结冰了。

马尾瀑布 马尾瀑布的瀑流在近乎垂直的陡崖上跌落的过程中一直与底层岩石相接触。其中一条著名的马尾瀑布是瑞士的莱辛巴赫瀑布。

段状瀑布 宽阔的河流从陡峭的崖壁上坠落，形成壮观的矩形"段状"瀑布。这种瀑布通常宽度大于高度。著名的例子包括非洲的维多利亚瀑布，以及横跨美国和加拿大的尼亚加拉大瀑布。

杯碗瀑布 河水顺着窄窄的河道冲出瀑口，形成一条小瀑布坠入深深的跌水潭。"杯碗"形容的是跌水潭如杯似碗的形状。具有代表性的一个杯碗瀑布，就是夏威夷的威陆亚瀑布。

飞瀑 水流直接从瀑口飞泻而出，下落过程几乎不与岩面接触。委内瑞拉的安赫尔瀑布不但是世界上落差最大的瀑布，也是其中一条可归类为"飞瀑"的瀑布。

分列瀑布 这种瀑布有好几个落水位，每一处落水位都有各自的跌水潭。冰岛的古佛斯瀑布便是个中代表。有些分列瀑布，如美国的大阶梯瀑布，看起来更像几个独立的瀑布。

斜槽瀑布 这一类型的瀑布，与其说是瀑布，不如说更像湍急的河流，由巨大的水量瞬间被逼进狭窄的河道形成。冰岛的儿童瀑布，就属于这一类。

第一次有人尝试走钢丝横跨尼亚加拉大瀑布，是在 1859 年。玩命的冒险家们尝试在瀑布上骑水上摩托，钻进橡皮球甚至木桶中从瀑布上冲下来，这些极限挑战导致不少人丧命。瀑水从陡崖跌落，意味着船只无法通过。19 世纪，为了绕过尼亚加拉大瀑布，人们开通了韦兰运河。

长久以来，人类都梦想着要掌控大瀑布的威力和能量。历史有记录的人类首次尝试利用尼亚加拉大瀑布水力是在 1759 年，用它驱动水车和锯木厂。如今在瀑布附近有不少水电站，像尼亚加拉大瀑布上的亚当·贝克水力发电站。河水被向下引流，经过螺旋桨一样的涡轮，可持续发电。落差越大，水流越急，所蕴含的能量越大。

但借用瀑水发电与保护瀑布的自然之美，是此增彼减的。巴拉那河的瓜伊拉瀑布，曾是世界上径流量最大的瀑布，可在 20 世纪 80 年代伊泰普大坝储水后，瀑布便从此被水库淹没。

如今能源与自然之间的冲突变得前所未有的尖锐。南犹他大学的政治科学教授莱恩·杨克就说过："发展中国家对发电的需求是不会消失的，所以（能源利用与自然之间的冲突）还会持续加剧。"

亚洲某些水力发电站还存在很大的争议，不但以自然之美为代价，还导致气候变化。杨克教授认为，"在这些国家，水力发电的替换品，只有带来严重污染的煤炭"。

为了平衡发电和维持经典景观之间的平衡，依赖尼亚加拉大瀑布径流发电的发电站自 1909 年起便需要遵守相关条约。尼亚加拉大瀑布平均年客流量为 1 200 万人，大部分游客集中在夏天前往景点，所以每年夏天，河流约一半的径流量必须回归瀑布——每秒 2 832 立方米水量。

但夏天对水电站限流是要付出沉重代价的。有研究数据显示，每年夏天因限时条约而少发的电，达到 323 万兆瓦时——够人们使用 400 万个电灯泡了！

将更多水引流到水力发电站，受益的不仅是水力发电站。在多伦多大学研究尼亚加拉大瀑布径流量的土木工程博士沙米哈·塔辛说，减少瀑布水量，可以减少对瀑布的侵蚀和溶蚀作用。

另一个减少瀑布径流量所带来的好处，是减少阻挡视线妨碍游客欣赏壮观瀑布美景的水雾。沙米哈说："无法否认，水雾取决于径流量，所以稍微减少瀑布径流量，是会有帮助的。"

伊瓜苏瀑布的形成

百万年前一次巨大的火山喷发，在阿根廷和巴西边界上缔造了一条大瀑布

伊瓜苏瀑布
在 82 米高的瀑布下有一条峡谷，伊瓜苏河就是通过这条峡谷与巴拉那河相汇的。

地质断层
巴拉那河的水流入地壳的一条裂缝，因河床长期被侵蚀，巴拉那河的水位渐渐变得比伊瓜苏河的水位低。

巴拉那河
南美继亚马孙河之后第二长河。

火山岩
一次规模极大的火山爆发喷出的熔岩为伊瓜苏地区盖上厚达1千米的熔岩。

沉积岩
在坚硬的熔岩层下是由相对松软的沉积岩构成的硬度低但年代更为久远的岩石。

伊瓜苏河
伊瓜苏河源头在大西洋附近,全长超过1 300千米,流经巴西汇入巴拉那河。

巴拉那玄武岩
伊瓜苏瀑布下的熔岩形成于约1亿年前地球上一次规模最庞大的火山爆发。

尼亚加拉大瀑布发电

第一座大型交流电水力发电站,是建于尼亚加拉大瀑布上,于1895投入使用的发电站。现在不论是商业用电还是居民用电,都在普遍使用交流电,而第一座大型的交流电发电站,正是这座由天才科学家尼古拉·特斯拉发明和设计的发电站。特斯拉一直以来的梦想就是可以利用瀑布水力。他的梦想在美国实业家乔治·威斯汀豪斯承建尼亚加拉大瀑布发电站为美国东部地区供电后实现了。这座发电站是当时规模最大的发电站,数年内,它所供的电照亮了纽约市。

"借用瀑水发电与维持瀑布的自然之美,是此增彼减的"

阶梯式瀑布
伊瓜苏瀑布顺着三层熔岩流下,形成数段阶梯式的小瀑布。

雕一座石林

在冷硬无情的顽石世界里，水是杰出的建筑师

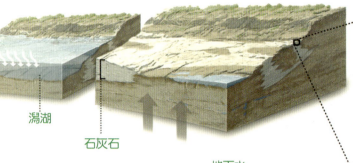

地下水位
地下水位的高低关系到侵蚀岩石的水量的多寡。

构造裂缝
构造运动推高石灰岩，岩层中出现裂缝。

季风雨

潟湖

石灰石

地下水
在地表下岩层之间流动的水，流动时也在进行着雕刻。

出现洞穴
原本间隔上下两个岩石洞之间的岩层坍塌，形成深深的岩沟。

贝马拉哈 国家公园迷阵

马达加斯加自然保护区里有一片陡峭锋利的石灰岩石林，由流水经过千年雕蚀而成

从空中俯瞰，贝马拉哈石林国家公园是一片广袤嶙峋尖塔状的石灰林。这片石林位于马达加斯加西部，是大自然鬼斧神工的雕刻之作。这里属于岩溶地貌——这是一个地质学术语，指当地岩层由易溶于水的岩石（如石灰岩）构成，岩石溶于水，随后被水冲刷带走。

大约 200 万年前，这里还是一片潟湖，湖底是一层厚厚的石灰岩。经过千年的地质构造运动，加上水位下降，石灰岩上升露出水面。石灰岩经不住风吹雨打，上层渐渐被侵蚀掉，留下中间坚硬的部分——也就是现在那一片高耸嶙峋的尖塔状石林。

在岩层表面以下，地下水穿流于岩石裂缝之间，流经之处制造出众多水平的洞穴。地下水沿着岩石衔接处纵向渗透，溶蚀出巨大的地洞。随着上下不同层次的地洞扩大，地洞间衔接和支撑的岩石坍塌，便形成巨大的"岩沟"——在岩石之间又宽又直的峡谷，深度可达 122 米。

水的纵向渗透加上横向侵蚀雕刻出一个由洞穴、隧道和石桥构成的错综复杂的石林迷宫。它们大小各异，尽管不适合人类生存，但这片石林迷阵却是不少动植物繁衍生息的家。

石林里的生命

多亏一片嶙峋的岩石和危险陡峭的岩沟，让石林里的野生生态基本上未受人类活动影响。经过千年积聚，深深的岩沟里有大量有机物，为各种奇特的植物提供丰富的营养，同时还为植物提供了生长环境和庇护所。石塔之间的大树高耸入云，里面还生活着各类狐猴。

色彩鲜艳的鸟依附在岩石上，各种昆虫在岩洞内穿行，蜥蜴在岩石上放松地享受日光浴，而在太阳晒不到的地下水里，水生生物游弋于地下水道的迷宫中。

在这片野生动植物的避世石林里，还有太多惊喜和秘密有待发掘。据估计，这里多达 85% 的野生动植物只能在马达加斯加找到，而其中又有 45% 的动植物是贝马拉哈自然保护区独有的。

石林为大量动植物，如马岛斑隼，提供了不受人类活动影响的最佳繁衍生息的地方。

"这片石林是大自然鬼斧神工的雕刻之作"

天然石桥
掉落在两座石灰塔之间的大石将两座石灰塔相连。

尖塔
降雨从上而下溶蚀石灰岩，缔造出一片森林一样的锯齿状石灰岩。

扇贝形表面
峡谷壁的岭的形状表明它们不是雨水侵蚀而成的，而是由夹杂了沉积物的地下水冲刷而成。

地下水

天然石桥

0 英尺
雨水融化了石灰岩的表层

石林主要是山洞，最深的能达到 400 英尺深度

底沟

凹痕

岩沟
深深的峡谷在岩石中间有又直又陡的切面。

转角洞

① 1 英尺 = 0.304 8 米。

南极洲 探秘

土地广袤，环境极为恶劣，可作为火星任务演习地的场所在哪里？
南极洲——地球上最冰冷的大陆

南极洲是地球真正意义上的最后一片蛮荒之地，也是地球上温度最低、风速最高、平均海拔高度最高和湿度最低的大陆。南极洲约 98% 的陆地常年深埋在数千米厚的冰雪之下，但矛盾的是，南极大陆却是一片沙漠。尽管南极大陆面积比欧洲大 25%，但那里是如此的蛮荒，以至于没有人能在那里长期定居。直到 19 世纪，那一片冰封的大陆才开始有了人类探索的足迹。而为了揭开它神秘的面纱，人类为此献出了不少宝贵的生命。

南极洲绝对值得你去造访，因为那里是地球上最变幻莫测、最神奇的大陆。那里的奇景有不汇流入海的内陆河，有近似火星环境的山谷可供美国宇航局科学家在那里进行火星太空任务仪器测试，以及永不见日光的暗湖，湖内细菌自南极洲还是一片树林，葱郁得好比现今巴西热带雨林的时候便已存在，历经万年未变。南极洲被南冰洋围绕，在南冰洋里和南冰洋附近海域生存的，有血液里含抗冻蛋白的鱼类，有世界上体型最庞大的动物，以及能在残酷的冬天里连续 9 个星期不进食还能活下去的高大的帝企鹅。

南极洲是地球上最寒冷的地方。俄罗斯的沃斯托克科学考察站就坐落在这片地势高气温低的大陆上，即使在夏天，研究站的柴油都是被冻成冰的。在沃斯托克曾记录到地球上所记录的最低气温——–89.2 摄氏度。大部分冰箱的冷冻层也只有零下 18 摄氏度而已。

南极洲还是地球上风力最强的大陆。南极洲的冰让南极洲上空空气温度下降。这股又冷又重的冷空气顺着山坡加速下行，形成时速超过 200 千米的强风。受冻下沉的空气是如此干燥，以至于有些科学家会带上医用的静脉注射包到沃斯托克考察站，以防身体过度脱水威胁生命。在如此干燥的空气里，很难形成云块，空气中大部分水分以雪或冰晶体的形式降下。南极洲的降雪只会进一步加厚积雪，因为在那种极寒的环境里，冰雪无法融化。

"受邀名单上若没有你的名字，恐怕我们不能放行……"

没有臭氧层的地球？
南极上空依然有一个"洞"

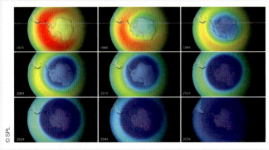

时间来到 2065 年，世界皮肤癌确诊率还在进一步攀升。在某些城市，到户外待上 10 分钟皮肤就会被晒伤。这是美国宇航局的化学家在 1987 年对地球未来的预测——如果 193 个国家不停止制造氯氟碳化合物的话。人类需要保护臭氧层才不至于受到紫外线伤害，可人工合成的氯氟碳化合物，却能破坏地球大气里的臭氧层。在 20 世纪 80 年代，人类已经在南极洲上空发现了臭氧层空洞，这个洞至今依然存在，因为氯氟碳化合物能在大气里逗留 50 ～ 100 年。冬季南极洲上空会形成不常见的冷云，氯氟碳化合物与云层表面物质发生化学反应，就会让氯氟碳化合物转化成对臭氧层造成破坏的形式。

地球上最让人意想不到的一片沙漠

南极洲有 99% 的陆地被覆盖在冰下，但让人意外的是，南极大陆却是一片沙漠。南极洲的平均年降雪量换成雨量计算，相当于年降雨量少于 50 毫米。这种程度的降水量与撒哈拉沙漠相当。沙漠的定义是年降雨量少于 250 毫米。

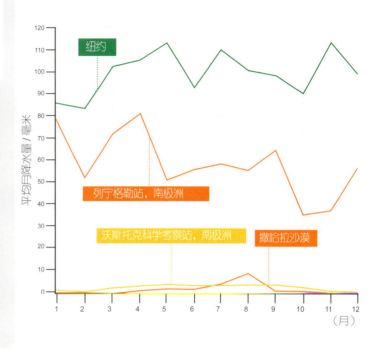

南极洲的冰山和浮冰。

似乎嫌这里天气和环境状况还不够残酷，南极洲在冬天还会出现不见光照的极夜，在这段时间里，你不会看到太阳从地平线上升起。就算是在夏季，日光也是微弱的，太阳低低地垂于天际。极寒是造成南极大陆被两大冰盖覆盖的部分原因。因为原本就极其珍贵的日光有 80% 会被洁白的冰面反射，让原本就寒冷的环境愈加寒冷。南极洲的两大冰盖占了地球上淡水资源的 70%。若两大冰盖全部融化，地球海平面将会上升 70 米，届时，地球上很多主要大城市都将被海水淹没。

东南极冰盖是地球上最大的冰盖，某些地方冰盖厚度超过 3 千米。深埋于冰盖下的是一些地球上最古老的岩石——至少有 30 亿年历史。西南极冰盖比东南极冰盖小，顺着大型冰河（亦称冰川）注出。冰川在南极大陆内缓慢地移动，但如今朝海岸的移动速度已经加快到每年 100 米。其中移动速度最快的是派恩岛冰川，每年移动距离超过 3 千米。当这些冰川汇入海洋，便形成与陆地相接的巨大冰架。地球上最大的冰架叫罗斯冰架，它的覆盖面积与法国国土面积相当，厚数百米。

东、西南极冰盖被一条巨大的内陆山脉分隔开。这条山脉叫横贯南极山脉，高度逾 2 千米，长 3 300 千米——长度是欧洲阿尔卑斯山的 3 倍多。横贯南极山脉形成于 5 500 万年前火山活动和地质活动活跃期，像埃里斯伯火山等火山如今依然活跃。

南极最大的无冰区是麦克默多干燥谷，该地区地理环境与火星相似，并且有南极大陆上最长的河流——奥尼克斯河。奥尼克斯河每年夏天会把海岸冰川的雪融水往内陆一路引至 40 千米外的万塔湖。这个湖的湖底盐度比死海盐度还高。干燥谷里的湖泊，如万塔湖，因为盐度高，湖底深处的水即使温度低于淡水结冰点，也依然能维持液体状态。东南极内陆还有其他奇怪的湖泊，像温特塞湖，湖水碱度比得上超浓缩洗衣液的碱性浓度。

尽管环境恶劣，也没有富饶的土地，但在南极的无冰区，还是有动植物的。在强风盛行的干燥谷，岩石裂缝里有地衣、菌类和藻类。往海岸方向靠近，在岛和半岛上，苔藓养活了各种细小虫类，像微观蠕虫、螨、蠓。有些叫跳虫的昆虫因为体内有抗冻蛋白，能在 –25 摄氏度甚至更低温的环境下生存。在无冰区甚至能找到两种开花植物。

与南极大陆的贫瘠形成鲜明对比，环绕南极洲的南冰洋是世界上海洋资源最丰富的海域之一。每年都会形成一片壮观的海冰，海冰融解时把养分从海洋深处往上运输，导致海上长出大量浮游植物。1 升海水里含有超过 100 万个浮游植物。这些浮游植物是磷虾的食物。而磷虾，一种像虾一样的海洋生物，是南极洲生态系统的能量厂，包括海豹、鱼、鲸鱼和企鹅等大量捕食者都以它们为食。它们以群集方式生活，密度可高达每立方米海水里超过 10 000 只。有时磷虾群范围覆盖数千米，从空中也清晰可见。然而最近的研究却显示出让人惊讶的数据，自 1970 年以来，磷虾数量已锐减 80%，其原因可能是全球气候变暖。

在南极洲生活的一切生物都适应当地的极寒。海豹和鲸鱼有厚厚的一层脂肪用于保暖，企鹅有浓密防水的羽毛，让 –1.8 摄氏度高盐度的海水无法透过羽毛渗入，有些鱼的血液里有抗冻蛋白。还有，南极银鱼的血液是透明的，它们能通过皮肤吸取氧气。

在南极洲最常见的鸟类是企鹅。在南半球的 17 种企鹅中，只有 2 种在南极大陆生活，其中就有体型最大的帝企鹅，身高可达 115 厘米。长得高大有利于它们保暖。在南极冰冻黑暗的冬季里，帝企鹅扛着暴风雪和极低气温，在海冰上产下下一代。雄性企鹅把企鹅蛋小心翼翼地放到双脚之间，保持平衡，用自身的体温为下一代保暖。这一放，就是 9 个星期，期间只能由雌企鹅出海觅食。在这段禁食期，这些"超级奶爸"成群地聚在一起取暖，数量可多达 5 000 只，但在这段时间里它们体重也会因为无法进食而暴跌 45%。

每年夏天，有大约 4 400 名科学家和支援人员在南极大陆生活，进行各种研究实验。有的科学家负责往下钻采超过 3 000 米长的冰柱，这些冰柱保存着遥远过去的气候记录，时间可追溯至大约 74 万年以前。这些冰柱里有气泡和压缩雪层。科学家们还往下钻探冰下湖，像沃斯托克湖，冰下湖里很可能还保留着百万年来未受外界污染的原始水和微生物。

南极清新干燥的空气，还为天体物理学家进行研究提供了极大方便。位于南极的冰立方（IceCube）微中子观测站便是专门研究天体爆炸后产生的幽灵粒子——中微子。另外还有一项实验是尝试探测导致宇宙产生的宇宙大爆炸所发出的微弱亮光。目前科学家还在研究阿德利企鹅的喂食习惯，通过在它们行进的路上铺上电子秤来测量它们的体重。

南极之最

南极半岛
南极半岛其实是一座山脉链，高 2 000 多米，长 1 334 千米，往北延伸进入南美洲。是南极洲最温暖最湿润的地区。

埃里伯斯火山
埃里伯斯火山是地球上最大的活火山之一。火山口的热量导致火山口积雪融化形成一个凹洞。而积雪融化后形成水蒸气在上升过程中马上重新冻结成冰，形成 18 米高的冰烟囱。

南极点
地理意义上的南极点，是地球上所有经线汇聚的点。照片上的条纹南极点标杆并不是真正地理意义上的南极点，它距离真正的南极点大概 90 米，因为真正的南极点在一片移动的冰川上。

东南极冰盖
东南极冰盖是地球上最大的冰盖。最厚的地方冰层厚度超过 3 000 米。它基本上可说是在极冷寒风中的一片宽阔平坦寂寥的极地沙漠。

西南极冰盖
西南极冰盖是南极洲的第二大冰盖，顺着大型冰河注出。有科学家担心，气候变化会导致西南极冰盖不稳定并崩塌。

沃斯托克湖
沃斯托克湖是在南极冰层下发现的 145 个冰下湖里最大的一个。研究人员在 1996 年发现了沃斯托克湖，这是在截至当时为止 100 年里地球上最重大的地理发现。

拉森冰架
2002 年，拉森冰架发生坍塌，短短 35 天，坍塌的面积相当于卢森堡大小。科学家说，这是 12 000 年来拉森冰架首次发生坍塌。

罗斯冰架
罗斯冰架是世界上最大的冰架，覆盖 510 680 平方千米，面积与法国相当。该冰架部分地方冰层厚 1 千米。

横贯南极山脉
横贯南极山脉是地球上最长的山脉之一，将南极洲一分为二。横贯南极山脉长 3 300 千米，寸草不生的山顶距地面 3 000 多米。

干燥谷
麦克默多干燥谷是南极洲面积最大的无冰区，且地面状况与火星相似。那里有冻成了木乃伊的海豹残骸，有盐湖，还有夏天在内陆流淌的内陆河。

万塔湖的冰是全世界最清澈的冰（如蒸馏水一般清澈透明），可见水下数米景象。

南极洲的麦克默多海峡冰封的海水。

沃斯托克湖——一个别样的世界

在南极冰层下的最大湖泊是什么样子的？

冰流
湖面巨大的冰层需要经历成千上万年才能从湖岸一面移动到对面。

寻找生命体
俄罗斯研究人员往冰下钻探 4 000 米，抵达冰下湖，寻找湖内生命体。

钻探 2.2 英里

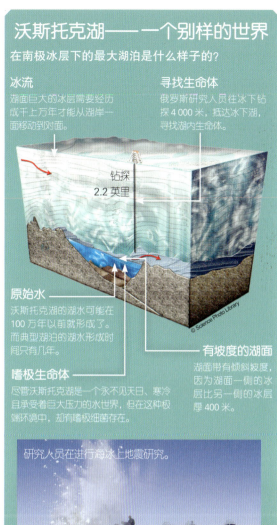

原始水
沃斯托克湖的湖水可能在 100 万年以前就形成了。而典型湖泊的湖水形成时间只有几年。

嗜极生命体
尽管沃斯托克湖是一个永不见天日、寒冷且承受着巨大压力的水世界，但在这种极端环境中，却有嗜极细菌存在。

有坡度的湖面
湖面带有倾斜坡度，因为湖面一侧的冰层比另一侧的冰层厚 400 米。

研究人员在进行海冰上地震研究。

人类的早期南极探索

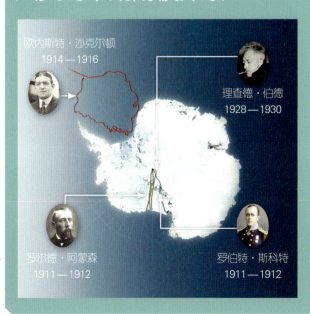

欧内斯特·沙克尔顿 1914—1916
理查德·伯德 1928—1930
罗尔德·阿蒙森 1911—1912
罗伯特·斯科特 1911—1912

　　一直到 19 世纪后期，南极洲依然是地球上最后一块未被人类开发的大陆。南极点是地球上最偏远的地方。1911 年，挪威探险家罗尔德·阿蒙森率领探险队走了一条前人没有走过的路，于当年 12 月抵达南极点。他的竞争对手英国探险家罗伯特·斯科特带领的探险队比他们晚到 33 天。斯科特的探险队因为补给品不足、严寒，加上未能成为首登南极点的队伍而士气低落，在返回过程中全部罹难。1914 年，英国探险家欧内斯特·沙克尔顿试图穿越南极洲，但他驾驶的"坚忍"号遭浮冰围困，船上所有探险队员在浮冰上生活了近 2 年，直到沙克尔顿乘救生艇，孤身一人在茫茫冰海中跨越 1 300 千米寻求援救，全体人员才最终得以获救。从 1928 年起，美国探险家理查德·伯德先后 5 次带队进行南极考察，为美国声索南极大片领土的主权。1929 年 11 月，伯德架飞机飞越南极点。如今，南极点已不再是地球上没有标识的地方了——南极点现在都有自己的邮局了呢！

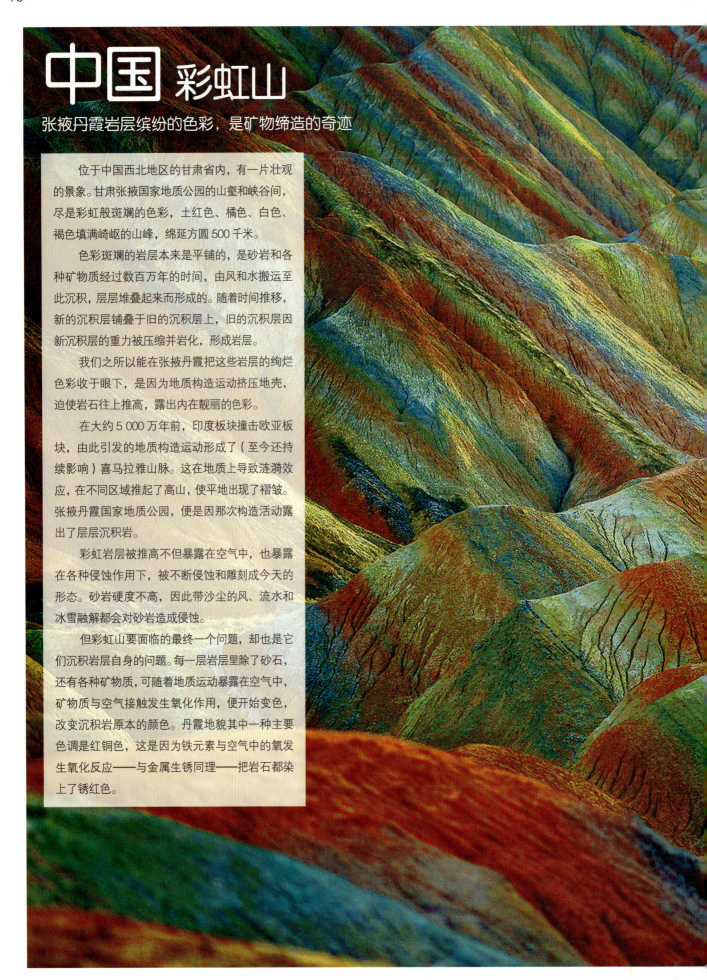

中国 彩虹山

张掖丹霞岩层缤纷的色彩，是矿物缔造的奇迹

位于中国西北地区的甘肃省内，有一片壮观的景象。甘肃张掖国家地质公园的山壑和峡谷间，尽是彩虹般斑斓的色彩，土红色、橘色、白色、褐色填满崎岖的山峰，绵延方圆500千米。

色彩斑斓的岩层本来是平铺的，是砂岩和各种矿物质经过数百万年的时间，由风和水搬运至此沉积，层层堆叠起来而形成的。随着时间推移，新的沉积层铺叠于旧的沉积层上，旧的沉积层因新沉积层的重力被压缩并岩化，形成岩层。

我们之所以能在张掖丹霞把这些岩层的绚烂色彩收于眼下，是因为地质构造运动挤压地壳，迫使岩石往上推高，露出内在靓丽的色彩。

在大约5 000万年前，印度板块撞击欧亚板块，由此引发的地质构造运动形成了（至今还持续影响）喜马拉雅山脉。这在地质上导致涟漪效应，在不同区域推起了高山，使平地出现了褶皱。张掖丹霞国家地质公园，便是因那次构造活动露出了层层沉积岩。

彩虹岩层被推高不但暴露在空气中，也暴露在各种侵蚀作用下，被不断侵蚀和雕刻成今天的形态。砂岩硬度不高，因此带沙尘的风、流水和冰雪融解都会对砂岩造成侵蚀。

但彩虹山要面临的最终一个问题，却也是它们沉积岩层自身的问题。每一层岩层里除了砂石，还有各种矿物质，可随着地质运动暴露在空气中，矿物质与空气接触发生氧化作用，便开始变色，改变沉积岩原本的颜色。丹霞地貌其中一种主要色调是红铜色，这是因为铁元素与空气中的氧发生氧化反应——与金属生锈同理——把岩石都染上了锈红色。

地质构造运动迫使岩石往上推高,露出内在亮丽的色彩。

阿拉斯加，朗格－圣伊利亚斯国家公园冰川。

布里克斯达尔冰川，乔斯特达尔冰川中一条最著名的支流。

冰川威力

领略可改变地球形态的宏伟冰河的神力

冰川是巨大的冰河，雕刻了山脉与名峰，其中就有阿尔卑斯山脉位于瑞士境内金字塔般的马特洪峰。冰川神力的秘密在于侵蚀作用，利用携带的岩石碎块对所经之处进行刨蚀，并将碎岩块带走。冰川的侵蚀作用主要有两种模式：磨蚀作用和拔蚀作用。随着冰川向山脚移动，被冻在冰川里的岩石就像砂纸一样对裸露在外的基岩进行打磨，留下有擦痕的磨光面。这个过程就叫磨蚀。至于拔蚀，则是冰川冻在基岩上，移动时把松动的岩石一并带走。

现在只有在高纬度高海拔地区才能见到冰川了。但在冰河时期，冰川一度覆盖如今无冰雪覆盖的山谷地区。就以英国为例，南至布里斯托海峡，也曾一度被冰川覆盖。

被远古冰川塑造的冰蚀地貌，是能凭肉眼分辨出来的。冰斗的形状就像扶手椅，山腰有洼地，且多有小湖，叫"冰斗湖"。冰斗也是远古冰川的源头。冰河时期，冰块在日光晒不到的浅岩坑开始积聚，逐渐加厚形成冰斗。相邻两个冰斗之间形成一条刀刃状岩脊，叫"刃脊"。山腰上形成三个或以上冰斗，就会形成金字塔状的山峰。冰斗里的冰层继续加厚，最后溢出浅洼，顺着山腰向下移动，形成冰川谷。冰川将山谷侵蚀成U形，平直且陡峭的谷壁就成了"冰蚀三角面"。冰川融化后，谷底平原上就只剩下支流山谷了。

在基岩上突起的坚硬岩石顺着冰川移动的方向被磨成平滑的石墩。这些岩石鼓丘的形状就如鲸背，光滑且凸起。羊背石上游坡面平滑，而下游坡面则因为拔蚀作用而坎坷不平。在基岩硬度不一的地方，岩石硬度较低的地方就会被冰川刨出洼地。这些洼地填满冰川水，就成了串珠状湖了。

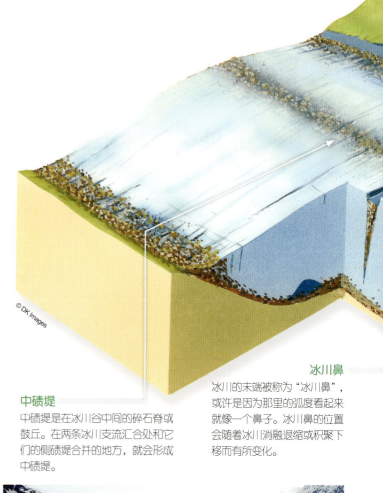

中碛堤
中碛堤是在冰川谷中间的碎石脊或鼓丘。在两条冰川支流汇合处和它们的侧碛堤合并的地方，就会形成中碛堤。

冰川鼻
冰川的末端被称为"冰川鼻"，或许是因为那里的弧度看起来就像一个鼻子。冰川鼻的位置会随着冰川消融退缩或积聚下移而有所变化。

现在只能在气温够低、终年不融冰的地方才能看到冰川。

低地冰川观赏指南

站在冰川谷的末端（即冰川鼻），就能看到冰川携带的碎石往下掉时砸出的地貌。冰川就像一条传送带一样，这些碎石是冰川移动时从冰川谷上游顺着山腰带下来的。冰川下的融水溶蚀着碎石堆。

冰川鼻是冰川谷的冰层完全融化的位置。冰川鼻的位置随时间变化而改变。若冰川消融，曾经的冰川鼻的位置就会留下一条碎石道。当冰层重新形成后，这些碎石又会被带走。要了解冰川鼻在山腰上的退缩和下移，需要综合冰川变化的气温和降雪量进行整体考量。在寒冷的山峰，雪积聚的速度快于冰川消融的速度。而往低的地方移动，冰层融化的速度就会慢慢超越冰雪积聚的速度。冰川鼻退缩或下移，正是取决于降雪量是否多于冰雪消融量。

侧碛堤
侧碛堤由冰川谷两侧跌落的碎石堆积而成。冰川消融退缩后，这些堆石就会沿着谷边堆积成堤状。

终碛堤/尾碛堤
冰川从上游搬运过来的碎石脊横向跨越山谷或平原，是冰川的末端，标志着冰川可覆盖的最远位置。

漂砾
冰川有时候会把岩石堆搬运到千百公里外的地方，那里的岩石类型与漂砾的岩石类型未必一致。

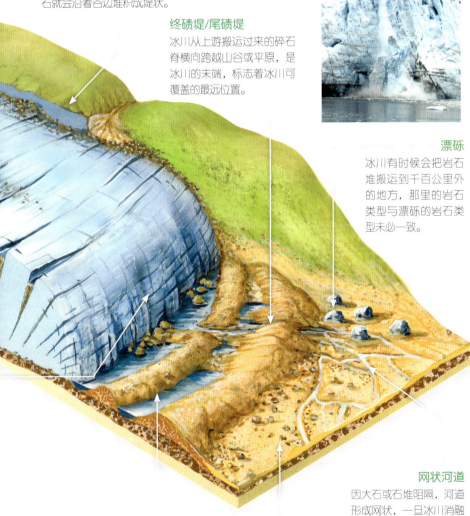

网状河道
因大石或石堆阻隔，河道形成网状，一旦冰川消融速度加快，水量增加，河道就能汇聚在一起。

冰退终碛
冰退终碛是冰川停止退缩后，碎石在冰川鼻堆积成的鼓丘。

冰川沉积平原
冰雪消融或夏季冰川融水带来的沙砾、碎石和泥土，形成了冰川沉积平原。

冰川谷

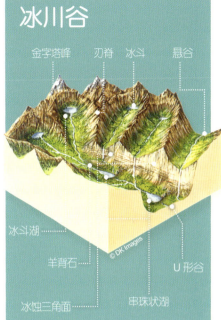

金字塔峰　刃脊　冰斗　悬谷
冰斗湖
羊背石　　　　　　　　U形谷
冰蚀三角面　串珠状湖

冰川航拍画面。

冰川如何移动

只有底部湿润，冰川才能移动、侵蚀基岩和搬运碎石。极地冰川长年冻结在基岩上，在重力作用下，一年只能移动大约1.5米。而在欧洲阿尔卑斯山脉，因气候原因，在温和的夏季冰面下的融水就像润滑液一样，每年带动冰川往下滑行10～100米。

若冰川下融水够多，冰层甚至可在一天内移动300米。目前有记录的冰川最快移动速度是巴基斯坦的库提阿冰川（Kutiah Glacier），在3个月内移动逾12千米。

黄石公园 奇景

那里有丰富多样的野生动物、喷涌30米高的间歇泉，还有一个一旦喷发足以摧毁全美国的超级大火山

1. 杰克逊湖
2. 大提顿国家公园
3. 心湖
4. 黄石湖
5. 黄石大峡谷
6. 刘易斯湖

肖肖尼湖

"老忠实"间歇泉

大棱镜温泉

猛犸象热泉区

欢迎光临黄石公园——美国乃至全世界首个国家公园。黄石公园是一片辽阔的保护区，覆盖面积达 9 000 平方千米，主要位于怀俄明州，部分位于蒙大拿州以及爱达荷州，比纽约市 5 个行政区总面积的 10 倍还大，每年吸引游客逾 300 万人次。

黄石公园内世界闻名的景点众多，有高耸入云的山峰、谷壁陡峭的大峡谷、青葱茂盛的森林、奔流的河流、净如明镜的湖泊、广阔绵延的草甸、气势磅礴的瀑布、热气升腾的温泉，还有喷涌的间歇泉。丰富多样的野生动物在这样如诗如画的自然美景里繁衍生息，包括狼、熊、野牛和麋鹿。

1872 年，第一批欧洲人抵达美国西部没多久，美国国会正式通过成立黄石国家公园的法案，据考古证实，人类已经在黄石地区生活 11 000 多年了。不少印第安原始部落生活的区域，现在被纳入了黄石公园范围，包括著名的印第安人原始部落"吃羊人"。

黄石公园地处大黄石生态系统的中心位置。大黄石生态系统，范围覆盖 80 000 平方千米，是地球温带中一个几乎完整的未受人类活动影响的生态系统。那里还保留着极其繁多的陆生、水生和微生物。对于从事各种研究的科学家们来说，从地貌改变到细小得难以想象的微观生物，大黄石生态系统都是一个无价的自然资源宝库。

黄石公园之所以成为全球第一个国家公园，主要是因为那里有众多地质和热泉奇景。地球上大约一半热泉都集中在黄石公园——超过 10 000 眼热泉——包括温泉、泥泉、火山区喷气孔，以及世界上分布密度最高的间歇泉。其中最出名的，当数"老忠实"间歇泉，仿佛专供人观赏似的，几乎每小时喷发一次。

黄石地区的热泉是地面以下火山活动造成的。在地面以下数英里深处，黏稠的熔岩在沸腾翻滚。黄石地区在过去 200 万年里发生过 3 次规模庞大的火山喷发，以及至少 30 次规模稍小的火山喷发，周边地区平均每年发生地震 1 000 ~ 3 000 次，有些地震震级强度游客也能感觉到。

黄石公园的护林员肩负重任，他们负责保护这里的游客、野生生物，还有园内天然质朴的地貌及环境。全年在这里履行职责的核心护林员有 155 人，每年夏季游客造访高峰，护林员会增加到 780 人。不难想象，人们可是挤破了头想要当黄石公园的护林员，试想，你还能在世界其他地方找到一个比黄石公园更美的"办公室"吗？

鱼鹰
在黄石交配筑巢，但从每年9月份到次年4月份，它们会离开黄石，飞往南方过冬。

麋鹿

骡鹿

西部土狼
到了冬季会成群结队地捕猎，群体协作能更有效地捕获猎物。

落基山大角羊
冬季顺着山坡南面往地势低的地方转移，因为那里降雪较少，阳光更充沛，牧草更丰富。

灰狼
冬天被毛浓厚保暖，底层柔软舒适，起到御寒保暖作用，外层厚厚的粗毛防水性强，保护内层不被水沾湿。

灰熊及幼崽
每年12月到次年5月冬眠，以降低身体温度和心率，节省身体能量。

黄石公园里的动物

黄石公园里野生生命体的多样性，让人惊叹的程度绝不亚于那里夺人心魂的美景。黄石地区是地球上规模最大、当地独有的大型野生动物自由自在生活的地区之一，那里还是美国本土最大型的野生动物群的栖息地。自1995年重新引进灰狼后，如今园内动物品种已基本上恢复到一个多世纪之前人类首次开发黄石公园时的状态了。

除了狼群，园内吸引游客的主要动物包括两种熊（灰熊和黑熊）、美洲野牛、野马，以及美国国鸟白头海雕。栖息在黄石公园园区里的动物有67种哺乳动物、将近300种鸟类、16种鱼类、4种两栖类动物和6种爬行类动物。那里野生动物种类的多样性，部分原因归于黄石公园本身多样化的栖息环境。此外，那里的动物还受到法律保护，尽管游客可获得钓鱼许可，但只有护林员能开枪。

可这并不等于说黄石公园里的生活环境对那里的野生动物来说是轻松的。相反，它们得撑过从11月起一直到次年3月气温在冰点甚至冰点以下的寒冬，以及足以让主要公路关闭数月的暴风雪。每种动物都有其适应当地自然环境的方式——驼鹿有特别的铰链关节，让它们能直接在雪地里把腿甩出去而不需要辛苦地抬起来再迈开，美洲野牛则懂得在热泉附近吃草和取暖。

捕食动物、被捕食动物和它们的栖息环境之间维持着微妙的平衡，而这个平衡又受到气候波动、山火、外来物种和火山活动等因素影响。人类对这种自然生态系统平衡的态度变化和认识改变，从如今人类对黄石公园的管理方式便可体现。狼群，一度被认为是其他物种生存的最大威胁，现在人类认识到，它们其实是维持整个生态系统健康和稳定的关键。人类曾经只看到山火带来的死亡与破坏，但现在，懂得让山火可控制地烧起来，这是让大自然再生和重燃生机至关重要的一环。

黄石公园是美国本土唯一一个自史前时期起野牛生生不息的地区。

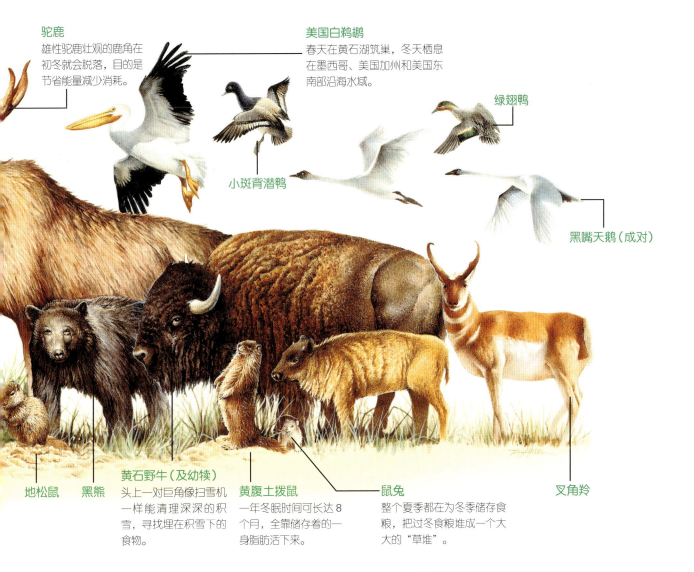

驼鹿
雄性驼鹿壮观的鹿角在初冬就会脱落，目的是节省能量减少消耗。

美国白鹈鹕
春天在黄石湖筑巢，冬天栖息在墨西哥、美国加州和美国东南部沿海水域。

小斑背潜鸭

绿翅鸭

黑嘴天鹅（成对）

地松鼠

黑熊

黄石野牛（及幼犊）
头上一对巨角像扫雪机一样能清理深深的积雪，寻找埋在积雪下的食物。

黄腹土拨鼠
一年冬眠时间可长达8个月，全靠储存着的一身脂肪活下来。

鼠兔
整个夏季都在为冬季储存食粮，把过冬食粮堆成一个大大的"草堆"。

叉角羚

狼群如何平衡黄石生态系统

灰狼，是野生生态环境的标志，它们成群结队的身影一度活跃在黄石地区，后来却被人类有计划地射杀、设陷阱捕捉，甚至毒杀。1926年，灰狼的身影从黄石公园彻底消失。可没了狼群，整个黄石生态系统开始失控，鹿的数量膨胀，几乎把所有草都啃光，引起一系列的冲击效应。

1995年，人们重新把14只灰狼引入园区。在鹿避开狼群的地方，土地重新覆盖上植被，河狸的数目开始恢复，而河狸的巢穴，对水獭、鱼、爬行动物和两栖动物来说都是非常重要的存在。灰狼群让土狼的数目受到控制，从而使小型哺乳动物的数量再次上升。狼吃剩丢弃的动物尸体和新长出来的浆果让熊填饱了肚子。连河流也因为狼群重新出现而受惠。受益于河岸两边重新长起来的植物，河岸被河水侵蚀的速度减慢了，河道也没那么迂回曲折了。

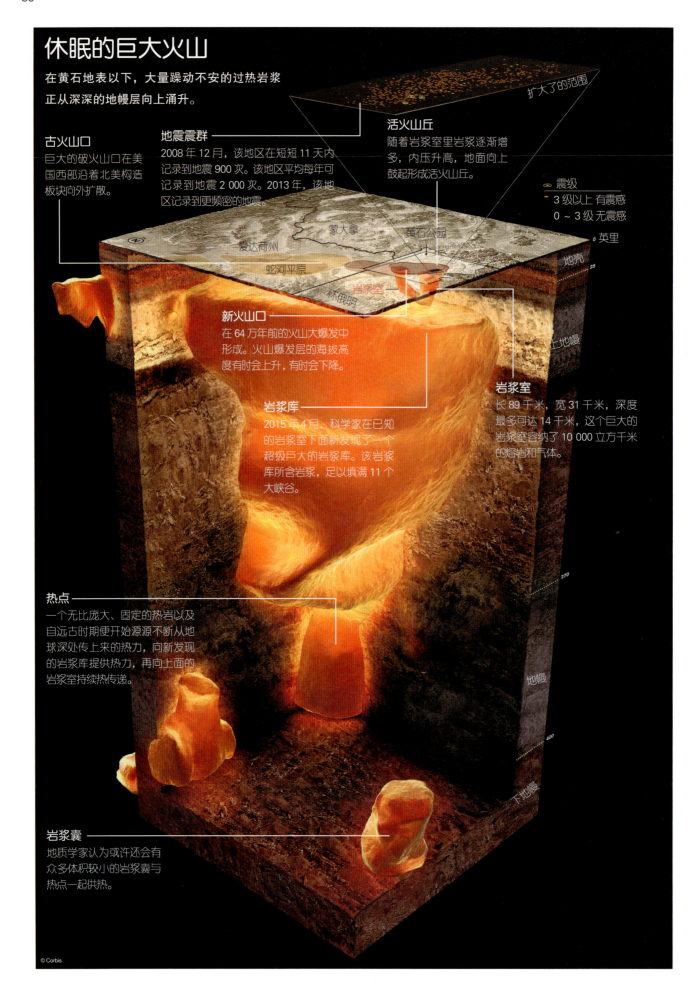

休眠的巨大火山

在黄石地表以下，大量躁动不安的过热岩浆正从深深的地幔层向上涌升。

古火山口
巨大的破火山口在美国西部沿着北美构造板块向外扩散。

地震震群
2008年12月，该地区在短短11天内记录到地震900次。该地区平均每年可记录到地震2 000次。2013年，该地区记录到更频密的地震。

活火山丘
随着岩浆室里岩浆逐渐增多，内压升高，地面向上鼓起形成活火山丘。

新火山口
在64万年前的火山大爆发中形成。火山爆发层的海拔高度有时会上升，有时会下降。

岩浆库
2015年4月，科学家在已知的岩浆室下面新发现了一个超级巨大的岩浆库。该岩浆库所含岩浆，足以填满11个大峡谷。

岩浆室
长89千米，宽31千米，深度最多可达14千米，这个巨大的岩浆室容纳了10 000立方千米的熔岩和气体。

热点
一个无比庞大、固定的热岩以及自远古时期便开始源源不断从地球深处传上来的热力，向新发现的岩浆库提供热力，再向上面的岩浆室持续热传递。

岩浆囊
地质学家认为或许还会有众多体积较小的岩浆囊与热点一起供热。

震级
3级以上 有震感
0~3级 无震感

扩大了的范围
蒙大拿　黄石公园
爱达荷州
蛇河平原　怀俄明
岩浆室
地壳
上地幔
地幔
下地幔

下面有什么……

黄石公园表面的宁静，掩饰了地面以下活跃的火山运动。其实，黄石公园有 1/3 园区位于一个超级火山的破火山口上。火山爆发时喷出的火山物质超过 1 000 立方千米的，才能算是超级火山。1980 年圣海伦火山爆发，是美国历史上有记录的造成伤亡和经济损失最惨重、破坏性最强的一次火山爆发。然而，超级火山一旦喷发，威力至少是 1980 年圣海伦火山爆发的 1 000 倍。

超级巨大的地质热点，是黄石超级火山的成因，让黄石公园地下的岩浆室持续扩大。历史上，黄石地区的超级火山喷发过三次——分别是 210 万年前、130 万年前和 64 万年前——不少专家认为，按照这个时间规律推算，距离下一次会给全球带来灾难性后果的超级火山大爆发，还有好长一段时间呢。

黄石公园热泉向导

喷泉
因为水管一样的管道结构导致热泉无法随意流动，就会形成比较少见的喷泉。水受到地热加热却无法沸腾，水位上升却无法外流，导致内部压强增加，最后大量水蒸气和水从喷泉的出水口喷出。

温泉
黄石公园最常见的热泉类型，就是温泉。雨水和雪水透过基岩往下渗透，地表数英里以下的熔岩散发出的热力使积水温度升高，从而形成温泉。

泥泉
炽热的硫化氢气体从出气孔排出，地表浅浅的热水坑里的水被酸化，使底层岩石变成翻滚的蓝灰色黏土。黏土里的矿物成分与酸性物质接触产生化学反应，形成亮丽的彩虹色泽的沉积层。

喷气孔
火山喷气孔又叫蒸汽口，这一类热泉因为水供应量不足，在抵达地表之前已经彻底受热转化成气态。从喷气孔喷出的气体是水蒸气和其他气体的混合气体，温度高达 114 摄氏度。

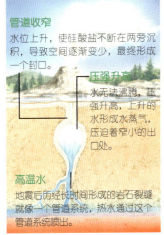

管道收窄 水位上升，使硅酸盐不断在两旁沉积，导致空间逐渐变少，最终形成一个封口。
压强升高 水无法沸腾，压强升高，上升的水形成水蒸气，压迫着窄小的出口处。
高温水 地震后历经长时间形成的岩石裂缝就像一个管道系统，热水通过这个管道系统喷出。

硅酸盐（二氧化硅）沉积物 随雨水渗透进火山岩，在温泉壁重新沉积。
独特的颜色 像经过人工渲染的颜色，其实是硫矿和嗜热微生物（如蓝绿藻等）的颜色。

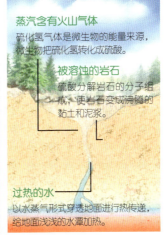

蒸汽含有火山气体 硫化氢气体是微生物的能量来源，微生物把硫化氢转化成硫酸。
被溶蚀的岩石 硫酸分解岩石的分子组成，使岩石变成沸腾的黏土和泥浆。
对流 热泉上升到表面，遇冷后冷却并重新下沉。
过热的水 以水蒸气形式穿透地面进行热传递，给地面浅浅的水潭加热。

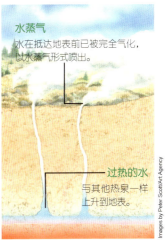

水蒸气 水在抵达地表前已被完全气化，以水蒸气形式喷出。
过热的水 与其他热泉一样上升到地表。

万一黄石超级火山爆发

从来没有地质学家目睹过超级火山爆发。但通过对前几次灾难性大爆发留下的破坏痕迹、测量地下岩浆室和岩浆库的规模，以及使用电脑模型进行模拟，不难推测一旦黄石火山爆发会带来可怕到何种程度的灾难性后果。

大量有毒气体与岩浆一同从火山口喷发而出，炽热的石块和浓密得让人窒息的火山灰从天而降——吸进混着碎石和晶体的气体会让人和动物极其痛苦地死去——范围可覆盖方圆数千甚至上万千米。高空中巨大的蘑菇云往四周扩散，给落基山脉裹上厚度得以米来计算的火山灰，火山物质覆盖全美国。

因火山喷出物颗粒密度过大，导致能见度过低，全美航班被迫全部取消，整个北美地区电力供应也会受到严重影响。屋顶因承受不住火山灰的重量而坍塌，不管是道路、下水道还是居民用水供应都会因为堵塞而无法使用，庄稼被火山灰覆盖而死亡。怀俄明州、蒙大拿州、爱达荷州、科罗拉多州以及犹他州都会受到毁灭性的破坏，多年无法住人。遮天蔽日的火山灰和厚重云层还会阻隔阳光，导致全球温度下降，大量现有物种会因为气候骤然变化而面临灭绝的危机。

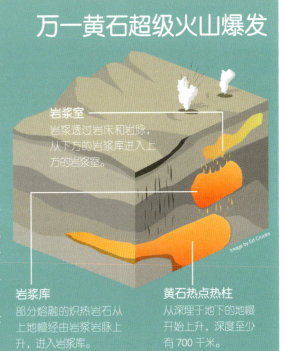

岩浆室 岩浆透过岩床和岩脉，从下方的岩浆库进入上方的岩浆室。
岩浆库 部分熔融的炽热岩石从上地幔经由岩浆岩脉上升，进入岩浆库。
黄石热点热柱 从深埋于地下的地幔开始上升，深度至少有 700 千米。

极恶深海

地球上最幽深、最致命、最强风暴、最险恶环境排名

南太平洋，澳大利亚，
新南威尔士州，塔斯曼海

1. 鲨鱼密度最高

还记得电影《大白鲨》吗？只不过在这里无须电影特效，你得当心随时没了条腿

说起鲨鱼攻击人类，有三种鲨鱼稳居食物链的顶端：大白鲨、虎鲨和公牛鲨。这三种鲨鱼是最凶残的，拥有高度发达的感觉器官，对猎物穷追不舍。

据近期数据，地球上鲨鱼袭击人类事件最频繁的海域，是在澳大利亚新南威尔士州的海岸。据悉这是因为洋流改变把鲨鱼的猎物带往靠近海岸的海域，结果把鲨鱼也引了过去。

但在你打着火炬拿着鱼叉要入海捕鲨之前，请了解清楚一点：死在鲨鱼锋利尖牙下的人，比在鲨鱼畅游的那片海域里溺毙的人少。人类其实不是鲨鱼的首选食物——因为我们骨头太多，脂肪太少。鲨鱼需要的是高脂肪的猎物，例如海豹。

通常大白鲨咬你一口，只是出于好奇，想知道这到底是什么，而没打算真的要把你拆吃入腹。所以，在海上游着游着发现鲨鱼，最明智的做法是赶紧上水，冷静且流畅地游回海岸，千万不要踢得水花乱溅，因为那样只会引起鲨鱼的注意。还有，下水时千万不要佩戴任何首饰或会反光的东西，因为那些闪光的东西会让鲨鱼误认为你是一条长着鳞片的肥美大鱼。

葡萄牙沿海小镇纳扎雷紧邻的地下峡谷内掀起的巨浪，让那里成为一个热门冲浪点。

65 000 千米
中洋脊的长度

地点：葡萄牙纳扎雷
海洋：大西洋

2. 海浪最高

能掀起30米巨浪的地方，是让每个冲浪爱好者心驰神往的地方。在葡萄牙纳扎雷小镇旁的北滩能掀起大浪，是欧洲的一个最强劲的西风点。欧洲最大型的一个地下峡谷——纳扎雷峡谷就在邻近，是一条长200千米的山沟。那里之所以能掀起巨浪，得归功于横扫大西洋的浪潮、峡谷自身的水流、强风，以及当地汇聚峡谷的潮汐。

31 天
飓风最长持续时间

3. 扩张最快

板块构造运动引起地震可造成混乱，但也可以扩大海洋面积。在东太平洋海隆从智利到秘鲁之间的海域，太平洋板块与纳斯卡板块渐行渐远，是地球上海床扩张最快的地区。两个大陆板块距离拉开，熔岩从地核中上升，填充扩张留下的空隙。每年该地区海床两端距离增加多达16厘米。

地点：东太平洋海隆
海洋：太平洋

4. 极端风暴

真的会有"完美风暴"吗？

地点：太平洋热带海域
海洋：太平洋

若飓风带来灾难性影响，像卡特里娜飓风，这个名字就不能再用来命名另一场飓风了。

13亿
立方千米（约计）
海洋水量

靠海吃饭、与太平洋进行生死拼搏的渔民会告诉你，太平洋是地球上最无情的海域之一。

位处热带地区是形成极端风暴的必要条件，风暴的前身——飓风，也是在这里形成。得益于异常温暖潮湿的空气，风暴和飓风高发季节在每年6—11月，且风速要达到每小时120千米，才能称得上是飓风、台风或气旋。其实飓风、台风和气旋说的是同一种天气现象，只不过起始地区不一样、叫法不一样而已。在大西洋和太平洋东北部的叫飓风，在太平洋西北部的叫台风，而在南太平洋和印度洋的，则叫气旋。

飓风能在海面上长距离移动，受热带暖空气影响，北半球飓风逆时针方向运动，南半球飓风顺时针方向运动。

飓风的形成 覆盖范围广的旋转风暴如何在海上成形。

1. 形成云
在温暖的热带海域，海水蒸发，随着水汽上升，在空中冷却，开始快速形成云块。附近冷空气快速涌进替代暖空气，受热变暖再上升，形成上升气流。

2. 旋转运动
暖空气上升、冷却、吸入周边更多冷空气的过程不断循环，云层积聚能量。随着地球自转，云也开始旋转。一旦风速达到每小时120千米，飓风就形成了。

3. 成熟的风暴
温暖潮湿的空气持续从海面上升，在风暴中心周围形成带状云。干冷的空气不仅会通过风暴眼下沉，还会从风暴边缘的带状云之间流出。

5. 最致命的
整片海洋都准备好了要进行大肆破坏

在太平洋下面有一圈熔岩，形成可怕的太平洋火圈。地壳是由数块构造板块像拼图一样拼构而成的，漂浮在熔岩层上。在板块的边缘地区，板块间要么相互摩擦，要么相互推挤，要么相互推离，距离拉近和推远，会造成不同后果。太平洋火圈上的地块，正是处于板块交接处，这里发生的地震占全球地震的90%，是构造运动的温床。

地点：南美、北美，跨过白令海峡，一直到日本和新西兰
海洋：太平洋

2011年大地震给地处火山圈上的日本带来灾难性毁坏。

6. 受污染最严重

地点：墨西哥湾死海区
海洋：大西洋

墨西哥湾死海区是海洋污染的一个最极端案例。方圆17 000平方千米都是缺氧水——海水含氧量极低甚至为零。死海区里没有生命体可以生存，因为几乎所有有机体都需要氧气才能活下去。陆地的养分（如农业化肥）进入海域导致藻类过度生长，藻类死亡后分解将海水里的氧气消耗殆尽，从而出现了死海区。

地点：南极洲四周
海洋：南冰洋

适者生存的典范，南极冰鱼能在-2摄氏度的海水里生存。

8. 最冷
欢迎进入液态冰库

在地球的最底部，围绕着终年冰封的南极洲的，是一片人类无法驯服的南冰洋。那里刮起世界上风速最快的风，卷起世界上最高的海浪，还有世界上最大的洋流（南极绕极流），该洋流的水量比全世界河流总水量还大。因为海水盐度降低了南冰洋的结冰点，那里的海水温度能低至冰冻刺骨的-2摄氏度。

在南冰洋里存活的生物都已经适应了那里极寒的环境。特别厚的脂肪层和异常保暖的羽毛只是其中一些普通特征而已，最极致的要数南极冰鱼。这种鱼的体内进化出"抗冻蛋白"，就算温度骤降，它们的体液也不会因此而结冰。

10 000~50 000 座
每年在北极增加的冰山数量

南冰洋是地球上最寒冷且风暴最强劲的水域。

7. 潮汐变化落差最大

地点：加拿大芬迪湾
海洋：大西洋

在特定的时间，芬迪湾潮汐涨落的高度差会达到16米。涨潮时，有1 000亿吨海水涌进海湾，退潮时1 000亿吨水又会退出。海湾里的海水与大西洋潮汐形成潮汐共振，可以说是海湾形状和深度造成的结果（好比浴缸里的水从浴缸一端晃到另一端）。

芬迪湾位于加拿大东海岸，长270千米，是一个旅游热点。

1 000 年
1立方米海水要顺着全球洋流流转一圈所需时间

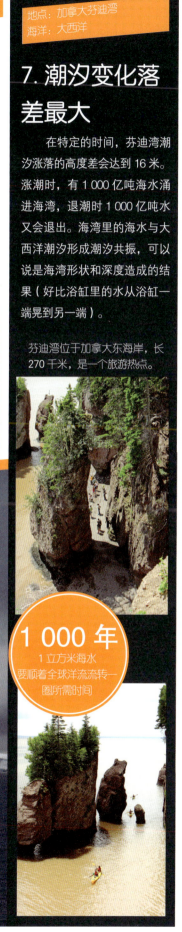

9. 最幽深

深吸口气，潜到能没过珠穆朗玛峰的渊深海底去。

地点：马里亚纳海沟
海洋：太平洋

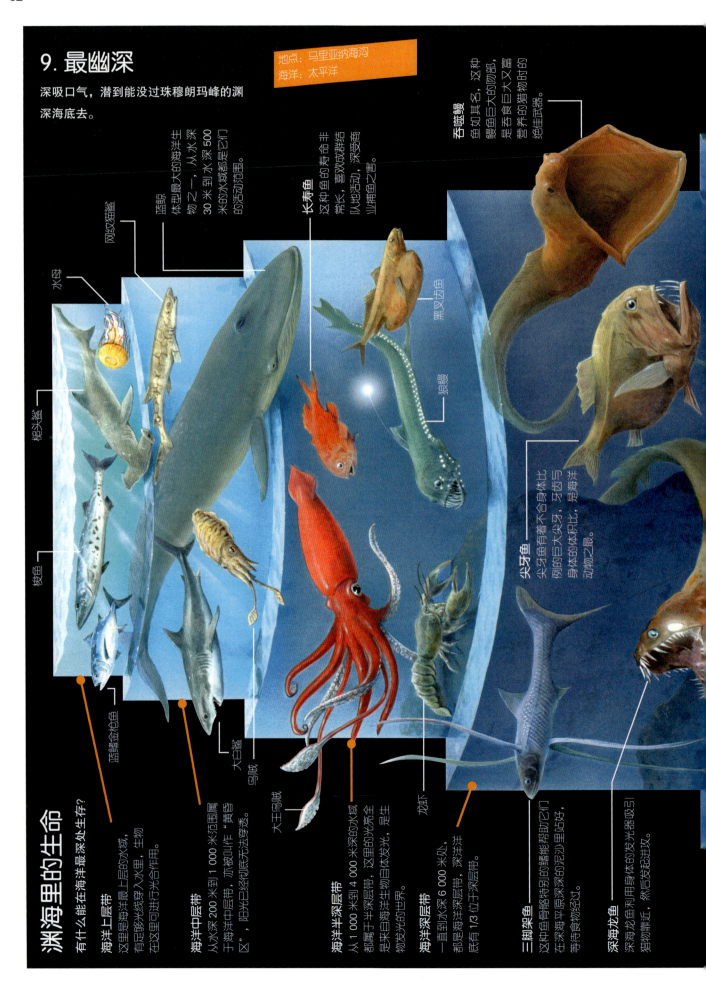

蓝鳍金枪鱼 体型最大的海洋生物之一，从水深30米到水深500米的水域都是它们的活动范围。

网纹猫鲨

吞噬鳗 鱼如其名，这种鳗鱼巨大的吻部，是吞食巨大又富营养的猎物时的绝佳武器。

长寿鱼 这种鱼的寿命非常长，喜欢成群结队地活动，深受商业捕鱼之害。

黑叉齿鱼

狼鳗

尖牙鱼 尖牙鱼有着不合身体比例的巨大尖牙，牙齿与身体的体积比，是海洋动物之最。

渊海里的生命

有什么能在海洋最深处生存？

海洋上层带 这里是海洋最上层的水域，有足够光线穿入水里，生物在这里可进行光合作用。

海洋中层带 从水深200米到1 000米范围内属于海洋中层带，亦被叫作"黄昏区"，阳光已经彻底无法穿透。

海洋半深层带 从1 000米到4 000米深的水域都属于半深层带，这里的光完全是来自海洋生物自体发光，是生物发光的世界。

海洋深层带 一直到水深6 000米处，都是海洋深层带，深洋带底有1/3位于深层带。

三脚架鱼 这种鱼骨骼特别的鳍能帮助它们在深海平原深深的泥里站好，等待食物经过。

深海龙鱼 深海龙鱼利用身体的发光器吸引猎物靠近，然后发起进攻。

水母

枪头鲨

梭鱼

盲鲸

乌贼

大王乌贼

大白鲨

龙虾

3 700 米 平均海洋深度

超过 450 座 太平洋火圈火山数量

巨型海虱 是一种体型超大的甲壳类弱海洋生物（弓蟹和龙虾是亲属），潜伏在深海海沟。

鳕鱼 通常又叫鼠尾鱼，鱼头大而鱼身尾细，常见于深海平原。

狮子鱼 人们最熟悉的深海鱼之一，深海探头在海面以下 8 145 米的超深渊带拍摄到狮子鱼。

海洋超深渊带 这里有海沟，从深层带的深海平原到世界的最底部，就是超深渊带。

管状蠕虫 在热液喷口成群而活，大型管状蠕虫与化合细菌能和谐地共生。

在海洋最幽深的地方，距离波光粼粼的海面 11 000 米，是一个永不见天日的地方，剩下的只有无边黑暗。挑战者深渊是太平洋马里亚纳海沟的最深处，也是太平洋海床的最深处，位于两个构造板块之间的俯冲带——其中一个构造板块消失在另一个构造板块下面。这里距离水面超过 10 000 米，是世界上海洋的最深处，静水压力为 1 100——相当于把埃菲尔铁塔倒过来用塔尖压在你大脚趾上保持平衡不倒。

挑战者深渊的水温低得近乎结冰点，海沟里到处是一团团的淤泥云，都是千百万年来从上层水域渐渐往下沉降，并在这过程中逐渐腐烂的海洋垃圾。然而，在这压强极高、无尽黑暗且冰冷无比的环境里，却依然生机勃勃！深海是大量奇怪又奇妙的海洋生物的家，它们进化出绝妙的生理机制，应对深海的极端环境和一切生存难题。

1960 年人类首次探测挑战者深渊。瑞士科学家雅克·皮卡和美国海军中尉唐纳德·沃尔什驾驶"里雅斯特"号深海潜水器，下潜至 10 915 米稍深处。自那一次首潜后，人类通过有人驾驶和无人驾驶的深海潜水器多次对挑战者深渊进行探测，最近一次是电影制作人詹姆斯·卡梅隆驾驶他的"深海挑战者"号深海潜水器下潜至 10 898 米水深处。

热液喷口

热液喷口一般在海洋中脊形成，因为那里构造运动频繁。这些喷口其实就是地壳的裂纹和裂缝，温度极高的水通过这些裂缝往上涌出进入海洋。这些热液温度可高达 400 摄氏度，但因为海底水压极高，所以不会沸腾。

热液喷口能给大量海洋生物带来生机。在热液喷口附近生活的海洋生物依赖化合细菌——与光合作用恰恰相反——生存。化合食物链的主要能量制造者是微生物，它们利用热液喷口喷出的化学物质合成能量，就像陆地上植物利用阳光合成能量一样。

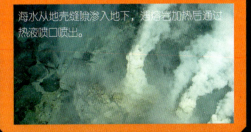

海水从地壳缝隙渗入地下，遇熔岩加热后通过热液喷口喷出。

第四章 岩石、宝石与化石

怪异的 地球奇迹

展现地球地质岩石的怪诞而美丽的地理构造

锻造一条石阶

火山运动如何形成 40 000 根巨大的石柱

相传，"巨人之路"是巨人芬·麦克库尔为了从北爱尔兰越过爱尔兰海到苏格兰与宿敌贝兰多决斗而筑的。而事实上，这些巨大石阶是在大约 6 000 万年前火山运动形成的。那时候欧洲大陆和北美洲还是两个相连的板块，但没多久，两个大陆板块便开始彼此脱离，渐行渐远。随着两个大陆板块之间的距离拉大，地壳出现巨大裂缝，熔岩便顺着缝隙涌出。熔岩冷却后，在北爱尔兰北面海岸形成玄武岩。雨水经年累月地侵蚀玄武岩，形成一条山谷，熔岩进而涌进山谷。最上层的熔岩快速冷却，形成一个保温外壳，下层的熔岩因此冷却速度变慢，而熔岩在冷却的过程中均匀地收缩爆裂，便形成了一条又一条六边形的石柱。最近一次冰河时期结束于 11 500 年前，那时期的冰川把玄武岩最上层侵蚀掉，露出下面的石柱。气候变化导致海平面上升，开始慢慢侵蚀石柱，便最终形成了如今我们所见的不同高度。

下层玄武岩
第一次火山爆发时形成，岩壁可见五个黑边。

多边形
大部分石柱是六边形，但也有四边形、五边形、七边形或八边形的石柱。

澳新奇观

澳大利亚内陆地区有不少奇形怪状的地貌奇观

"它们是在地质运动过程中形成的，在那里已经有数亿年历史了"

片状剥落的表面
近看，乌鲁鲁巨石其实是灰色的，岩面是红色的片状剥落形态。岩面红色是岩石里的铁元素氧化的结果。

像被雕刻而成的坎
乌鲁鲁巨石的某些岩层被侵蚀的速度较快，在岩石表面留下一条条平行的坎。

乌鲁鲁和卡塔丘塔

在澳大利亚内陆宽广的地平线上，有两块巨大的砂岩巨石，它们的名字分别是乌鲁鲁和卡塔丘塔。虽然在一望无际的平地上这两块巨石看起来是那么突兀，但其实它们是在地质运动过程中形成的，在那里已经有数亿年历史了。

岩石被雨水和地下水侵蚀出深深的峡沟，从而形成卡塔丘塔一个个独立的圆顶。

乌鲁鲁海拔高度为863米，但巨石的大部分埋于地下。

硬邦邦的历史

雄伟的乌鲁鲁和卡塔丘塔是如何形成的？

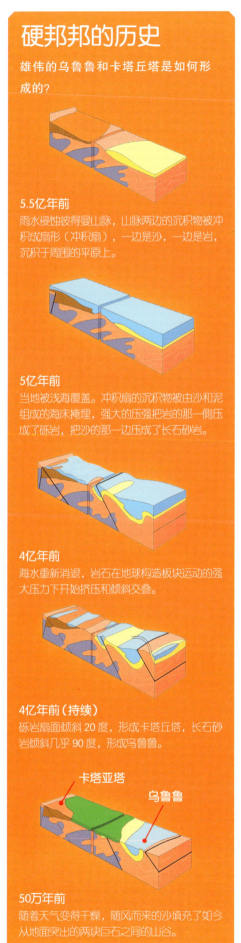

5.5亿年前
雨水侵蚀彼得曼山脉，山脉两边的沉积物被冲积成扇形（冲积扇），一边是沙，一边是岩，沉积于周围的平原上。

5亿年前
当地被浅海覆盖。冲积扇的沉积物被由沙和泥组成的海床掩埋，强大的压强把岩的那一侧压成了砾岩，把沙的那一边压成了长石砂岩。

4亿年前
海水重新消退，岩石在地球构造板块运动的强大压力下开始挤压和倾斜交叠。

4亿年前（持续）
砾岩扇面倾斜20度，形成卡塔丘塔，长石砂岩倾斜几乎90度，形成乌鲁鲁。

50万年前
随着天气变得干燥，随风而来的沙填充了如今从地面突出的两块巨石之间的山谷。

尖峰石阵沙漠曾经是一大片石灰岩地，渐渐被侵蚀得只剩下一根根石柱。

尖峰石阵沙漠

位于西澳大利亚州南本国家公园的这些石灰岩柱，立于沙地上，高5米，全由贝壳构成。这些贝壳石灰石柱到底是如何形成的，地质学界仍未有定论，有人认为是随着时间推移，雨水溶蚀了贝壳里的碳酸钙，留下石灰比例较高的砂岩，风与海浪把贝壳带到内陆，形成石墩，干燥后形成石灰岩。植物的根和水渐渐在土中造成裂缝，在风的作用下，最后就留下如今我们看到的一根根独立于沙漠之上的石柱了。

附近一处泉水中溶解的矿物质，在波浪般的平滑的斜坡上留下了一道道彩色条纹。

波浪岩

这是一块被埋于地下的花岗岩。因为花岗岩不容易被侵蚀，所以波浪岩的上部基本完整，但随着雨水浸润下层的土壤，使基部土壤酸化并慢慢溶解。土壤被侵蚀后，露出了高15米悬于半空的波浪岩。

魔鬼巨石

几百万年前，地壳运动导致岩浆从地壳裂缝里涌出，冷却后形成花岗岩，就有了这些大圆石。花岗岩表面的砂岩被侵蚀掉，露出体积越来越大的花岗岩，裂成一块块的石块。因为当地气候和温度的波动，花岗岩不断膨胀和收缩，表面岩层剥落后变成了圆圆的石蛋。

石柱群

这些古老的巨大石柱为什么能屹立不倒？

历经百万年形成的又尖又高的石柱群一般位于干旱内陆盆地或荒地。石柱高度从 1.5 米到 45 米不等，因为岩层构成成分不同而呈现丰富的色彩。表面坚硬的岩层保护着内层松软的岩层不受侵蚀，正是如此岩层构成让这些看起来难以平衡的石柱得以屹立不倒。大部分石柱一开始都是峡谷壁，不过也有成因稍有不同的石柱。土耳其卡帕多西亚地区著名的"精灵烟囱"是火山喷发后撒下的漫天火山灰岩化成的松软多孔岩，表面又覆盖了一层玄武岩，玄武岩被侵蚀成蘑菇形，保护多孔岩不被外界各种因素破坏。

石柱群是如何形成的？

从大水漫漫的峡谷到石柱，一起来看看自然界如何侵蚀出一座座石塔。

美国犹他州布莱斯峡谷公园的石柱比世界其他地方的石柱都要多。

侵蚀速度
石柱由多种不同类型的岩石构成，被侵蚀的速度不一样。最细窄的地方由可被轻易侵蚀的泥岩构成。

解体
最终石柱顶端锥体下面的位置会被严重侵蚀，锥体掉落。石柱剩下的柱体也会瓦解。

土耳其"精灵烟囱"的一些石柱在罗马帝国时期成为当地人的居所和教堂。

干涸的峡谷
大型湖泊干涸后，留下底部铺满沉积物的峡谷。

消退的峡谷壁
水分从下层岩石流走，同时带走部分岩石成分，峡谷壁慢慢被侵蚀。

纵向裂缝
酸雨扩大裂缝，裂缝在不断的受冻和解冻过程中收缩膨胀，对岩石造成进一步侵蚀。

保护外层
岩石表面坚硬的外层保护内部松软的内层不被侵蚀，形成屹立不倒的石柱。

冰塔

地热雕塑的神奇冰雕

远看它就像坐落在南极的一座冒着烟的歪歪扭扭的烟囱，但烟囱里一点火星也没有。相反，那是一个冰洞，是附近埃里伯斯火山的热气打造的。蒸汽从洞口源源不断地往外喷出，一遇到 0 摄氏度以下的空气，瞬间结冰，在洞口上形成一座中空的冰塔。这种冰塔的学名其实叫冰火山喷气孔——火山喷气孔是喷出气体或水蒸气的火山出气孔。火山喷气孔在地球上很常见，甚至火星上也有，但没几个地方的温度可以冷到让火山喷气孔喷出的气体瞬间结冰。

埃里伯斯火山
这座位于南极、高 3 800 米的火山周围有成百上千个冰火山喷气孔。

"蒸汽从洞口源源不断地往外喷出，一遇到0摄氏度以下的空气，瞬间结冰"

寻找生命体
科学家们对冰塔下的冰洞很感兴趣，里面或许会有不少此前未被发现的生物物种。

从喷气孔喷出结冰的水蒸气越多，冰火山喷气孔的高度就越高，有的高达 18 米。

冰火之地

虽然南极洲位于静止的构造板块中央，但依然是个火山运动活跃的大陆。这是因为位于这一板块上的西南极裂谷正在逐渐分离。沿着这条裂谷，地壳变薄，岩浆上涌，造就了巨大的火山。尽管大部分不是活火山，但仍有一些依然持续喷出炽热的气体和岩浆，其中最活跃的当数罗斯岛的埃里伯斯火山。南极洲只有极少数火山有熔岩湖，埃里伯斯火山就是其中之一。南极洲大部分火山的火山口上终年覆盖已经凝固的熔岩，埃里伯斯火山的火山口却是开放的，能看到里面滚烫的岩浆，每天会微弱喷发几次，向四周喷出灼热的火山弹。

埃里伯斯火山是南极洲第二高的火山，也是地球上地理位置最南部的活火山。

"魔鬼塔"

关于美国神秘起源的雄伟壮观的圣碑

在美国怀俄明州库鲁克郡那一片茂密的松林里,矗立着一座参天巨石。人们称它为"魔鬼塔"。它是如此神秘又让人心生敬畏,1906年美国时任总统西奥多·罗斯福签署文件宣布那里为美国第一个国家纪念公园时,还没有人清楚"魔鬼塔"是如何形成的。现在我们知道的只是它由花岗斑岩组成,那是火山岩浆喷出后冷却结成的火成岩。熔岩冷却后收缩,岩体出现裂痕和剥落,就形成如今多棱形小石柱。岩浆自周围的沉积岩下升起是形成"魔鬼塔"的原因,这是大部分地质学家都认可的说法,至于岩浆为何在这里喷出,地质界却存在三种不同推测。

纹路
"魔鬼塔"几乎垂直地面的纹路是岩浆冷却收缩形成火成岩时形成的。

持续被侵蚀
"魔鬼塔"依然受到持续不断的侵蚀,从主岩体上掉落的大大小小碎岩散落在附近地面上。

"魔鬼塔"形成理论

三个可能性较大的形成原因

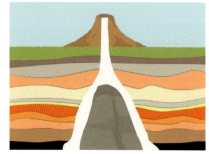

理论1——火山栓
"魔鬼塔"是一座死火山的火山颈或埋在地下的火山的火山栓。尽管在这附近没发现火山运动的证据,例如火山灰或熔岩流,但这些火山运动痕迹都是很容易被侵蚀掉的。

理论2——岩盖
"魔鬼塔"是一块岩盖,巨大的蘑菇形火成岩位于地表沉积岩中间。覆盖在上面圆圆的隆起部分被侵蚀掉后露出魔鬼塔。

理论3——岩株
地表下的岩浆冷却凝结,形成如今我们看到的岩体。随着岁月流逝,表面岩层被侵蚀后,露出里面的岩体。

波浪谷

亚利桑那州那一片波涛般灵动且色彩斑斓的山谷，曾是恐龙的天地

1.9亿年前恐龙还主宰着地球，便有了这片壮观的波浪形岩石，时至今日我们依然能在岩面看到曾经的地球霸主的脚印。波浪谷一开始只是一片沙丘，受挤压后形成砂岩。流畅的波浪形是长年累月遭受侵蚀的结果，一开始受到水流侵蚀，水把各种矿物质带至此处沉积，便在岩石表面留下了波浪形的色带。当水慢慢干涸，风取代水，继续侵蚀岩石，最终造就出今日的形态。

为了保护波浪谷，每天只有20名游客被允许进谷。

沙地泉华

只有环境条件完全符合，才有可能生出一朵奇异的花椰菜

外形看起来跟菜市场常见的花椰菜非常像，这些外星建筑一样的东西其实叫泉华。它们在碱性湖泊的水底形成，像加州的莫诺湖里，地下淡水涌泉含钙量高，一旦钙与周围湖水的碳酸盐接触，就会形成碳酸钙，即石灰石。石灰石沉淀至湖底，时间一长，越来越多石灰石沉淀，就形成了一座塔。大部分泉华依然在水底，待湖水干涸，自然就显露出来了。

美国加州的莫诺湖是泉华景致最壮观的地方之一。

"魔鬼塔"在地下形成，地表柔软的岩石被侵蚀后显露出来。

水晶洞

在墨西哥地下历经50万年随岁月渐增的惊世秘密宝藏

2002年，矿工在墨西哥一个位于地下300米深处的银矿里无意间打破一面石墙，一片他们做梦也想不到的景象展现在他们眼前。潮湿闷热的秘洞里全是巨大半透明的水晶柱，纵横交错。洞原本淹没在水里，矿业公司把水抽走后，水晶洞才第一次在人类面前展现它的身姿。这是人类有史以来发现的最大的天然水晶群。

那里之所以能形成如此巨大的水晶，是因为那里特殊的环境。水晶洞正下方有一个位于远古断层线上的岩浆室，洞里的水含有丰富的无水石膏，且洞内气温维持恒温58摄氏度。在这种温度下，无水石膏逐渐溶解成石膏，慢慢析出晶体。这个过程持续了50万年，既形成了壮观的水晶群，也让洞穴变得不适合人类生存。高温加高湿度，意味着在没有保护的情况下人进去活不了多久，即使穿上装有冰块的冷却服，戴上为肺部供应清凉空气的呼吸装置，也不可能长时间待在里面。

对水晶洞的研究仍在进行，但人们已经开始讨论一旦纳艾卡矿井关闭，这水晶洞要如何处置了。地质学家必须决定，是继续抽出洞里的水，让人可以进洞，还是任由水再次漫过水晶洞，让里面的水晶继续生长。

水晶洞埋在墨西哥奇瓦瓦沙漠里的纳艾卡山脉之下。

远古细菌
研究人员采集部分水晶样本，研究在如此极端环境下生存的细菌。

水晶生长
水晶洞下的岩浆室让洞内富含矿物质的水维持恒温58摄氏度，为水晶生长提供了理想环境。

"人类进洞活不了多久"

地质学家通过研究水晶小缺口上盛着的液体了解水晶是如何形成的。

冷却服
为了能在洞里探索,科学家会穿戴装有冷凝管和呼吸包的特别装备。

没有这些特殊的呼吸装备,洞内湿热的空气会在肺部浓缩。

水晶洞数据

致命却又幻若仙境的洞穴里让人难以置信的数据

11米
最高的水晶柱的高度,几乎相当于3辆双层公交车的累计高度

55吨
质量最重的一根水晶柱相当于9头非洲象

10分钟
不穿上适当的装备你在洞里只能活10分钟

2小时
穿上适当的装备你在洞里能活2小时

9x27米
水晶洞的面积比一个网球场稍大一点

90% ~ 100%
洞内湿度

20千克
进洞要穿戴的那套装备的重量

50摄氏度

这些巨大的熔炉一旦爆发，比小行星撞地球更可怕，人类文明很可能就彻底毁于一旦了。

超级火山

2010年，冰岛最大火山之一艾雅法拉火山在沉寂将近两个世纪后突然爆发导致的机场混乱，相信很多人仍记忆犹新。

或许你很难相信，跟一座超级火山爆发带来的毁灭性威力相比，那一次冰岛火山爆发造成的破坏和影响，只是九牛一毛。艾雅法拉火山爆发的威力，按照火山爆发指数（简称VEI）来划分等级，相当于4级。VEI是用以评估火山爆发强烈程度的指数，共分8级。换句话说，等级为8级的火山爆发，将会对人类文明继续存在带来威胁。超级火山爆发在短短数天内会喷出超过1000立方千米喷出物——包括火山灰、火山气体及岩石碎屑——不但农作物死亡，全球气候也会因此改变，影响持续多年。

在人类有记录的历史里，人类尚未经历过超级火山爆发。但超级火山每1万年到10万年就会爆发一次。那比一个足以毁灭人类的小行星撞向地球的可能性高5倍。尽管科学家说，没有任何迹象显示近期会有超级火山爆发，但人类总有一天还是要面临大自然终极的地质灭顶大灾难的。

所谓超级火山，指的是在其寿命期间有一次或多次超级大爆发。超级火山一般活跃期有数百万年时间，每次喷发之间需要有上万年的时间间隔。休眠期越长，爆发的威力也越凶猛可怕。超级火山通常都从一个开口很宽的锅形洼地喷出，这个洼地叫破火山口，不过也不是每一个破火山口里都有一个未来的超级火山。

在美国黄石国家公园下暗流涌动的超级火山应该是全球被研究得最多的超级火山了，但因为超级火山爆发次数极少，它们至今依然谜团重重。我们知道，在过去3 600万年里，地球发生过VEI为7级和8级的火山爆发共42次，但这些远古的超级爆发过程中喷出的大部分火山碎屑都已经被侵蚀掉了。规模庞大的超级火山爆发间隔并不规律，科学家到现在也未能搞清楚到底是什么触发它们的爆发。

超级火山图解

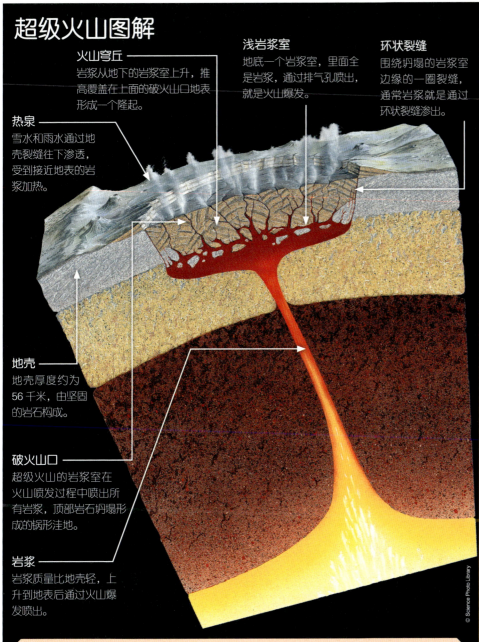

火山穹丘
岩浆从地下的岩浆室上升，推高覆盖在上面的破火山口地表形成一个隆起。

浅岩浆室
地底一个岩浆室，里面全是岩浆，通过排气孔喷出，就是火山爆发。

环状裂缝
围绕坍塌的岩浆室边缘的一圈裂缝，通常岩浆就是通过环状裂缝渗出。

热泉
雪水和雨水通过地壳裂缝往下渗透，受到接近地表的岩浆加热。

地壳
地壳厚度约为56千米，由坚固的岩石构成。

破火山口
超级火山的岩浆室在火山喷发过程中喷出所有岩浆，顶部岩石坍塌形成的锅形洼地。

岩浆
岩浆质量比地壳轻，上升到地表后通过火山爆发喷出。

预测下一次超级爆发

黄石公园观测站的火山学家是一批正在研究超级火山的地质学家。他们希望人类能有数十年甚至数百年时间准备好应对下一次超级火山爆发。超级爆发的先兆包括地面隆起并破裂，炽热的岩浆涌出地面，小型火山爆发和地震变得频繁，溢出地面的火山气体增多。

科学家通过使用地震仪测量地面震动来分析地震。在火山喷发之前，因为岩浆和火山气体强行通过地下裂缝涌上地面造成岩石爆裂，通常会导致地震变得频繁。地面不同寻常地明显升高，也是因为火山爆发前岩浆上涌造成的。例如1980年美国圣海伦火山北翼在爆发前惊人地隆起80米。

科学家们利用全球定位通信卫星接收器网络密切留意着地球运动。他们检测接收器的位置，原理等同于汽车里的定位系统。另一项卫星技术叫干涉合成孔径雷达（简称InSAR），科学家利用此技术每年对大范围的地面活动进行一到两次测量。

8. 破火山口形成
数天
环状裂缝内的火山锥因没有岩浆支撑而崩塌，掉进岩浆室。火山气体和岩浆从裂缝突然向外大量涌出。

7. 夺命火山云
数天
大量裂缝衔接成一圈爆发的喷气孔。有毒的火山气体和火山碎屑形成的火山云以雪崩的速度往下压。

6. 超级破裂
数小时到数天
膨胀的火山气体就像被摇过的汽水瓶里的气体在瓶盖打开的瞬间一样，将岩浆和火山碎石向大气里喷用出去。

5. 岩浆室破裂
数小时到数天
隆起的地壳上纵向裂缝下裂至岩浆室，让高压、充满火山气体的岩浆以熔岩的形式涌至地表。

4. 危险先兆增多
数周到数世纪
超级火山爆发的警告信号包括地震频繁，地面像烤炉里的面包一样快速隆起。

3. 岩浆室扩大
数万年
超级火山的岩浆室由有一定延展性的热岩包围，能持续扩大数千数万年。

2. 压强增加
数万年
岩浆在岩浆室积聚，内压升高，岩浆室扩大，在岩浆室顶部开始出现裂缝。

1. 岩浆上涌
数以百万年
地球深处的岩石液化变成岩浆，岩浆突破地壳涌向地面。

爆发倒计时

这位艺术家的作品展现了黄石公园一座超级火山爆发后火山烟和灰笼罩的画面。

超级火山跟所有火山的形成原理一样，因熔岩或部分熔融的岩石（即岩浆）而形成，会穿透地表喷发。所有超级火山都会突破构成大陆板块的厚厚的地壳。黄石破火山口位于黄石热点上，在此处地壳的下方，有一条异常炽热的地幔柱。黏稠的地幔柱从热点往地表方向上升，熔化地壳岩层。

其他超级火山，如位于印度尼西亚苏门答腊的多巴湖（火山湖），则位于地壳的板块边缘。在苏门答腊旁，印度洋板块俯冲到欧洲所在的亚欧板块下方。随着印度洋板块往下俯冲，板块岩石熔融形成岩浆。

需要有大量岩浆储备，超级火山才可能爆发。有科学家认为，超级火山之所以"超级"，是因为它们有着容量高达 15 000 立方千米，经过万年扩展的超级巨大的浅层岩浆室。岩浆室是地下不断扩充的储存岩浆的地方，里面的岩浆会通过地壳裂缝喷涌出地表。而岩浆室规模较小的火山，在岩浆室内压还未足够引发超级规模的大爆发的时候，就有岩浆泄出。

有科学家推测，包围着超级火山岩浆室的那层炽热且具延展性的岩层，让岩浆室可以不断膨胀，容纳更多岩浆。岩层也因为持续从深处涌上来的岩浆而保持延展性。

超级爆发的后果

如今一个超级火山爆发，很可能牵涉人类文明的存亡。熔融的岩石和有毒气体移动速度比在高速公路上行驶的汽车速度快 3 倍，吞没方圆 100 千米以内的一切。遮天蔽日的火山灰覆盖方圆数千千米范围。针状的火山灰通过人类没有受到保护的眼、耳、鼻进入体内，导致肺部血管破裂，最终窒息而死。

超级爆发后，每小时降下 0.5 米厚的火山灰雨，屋顶不堪重荷被压垮，饮用水被污染，汽车和飞机等交通工具的引擎被火山灰严重损坏导致交通严重堵塞，仅仅几厘米厚的火山灰就足够摧毁农作物，更何况如此大量的火山灰。1815 年印度尼西亚坦博拉火山爆发造成了"没有夏天的一年"，欧洲因此失收，造成饥荒和极大的经济损失。连金融市场秩序也会受到严重干扰，灾区难民大量涌进周边国家。有科学家表示，黄石超级火山爆发会让美国 1/3 领土在两年内不适合人类居住。

火山喷发量

火山喷发量
VEI 8: >1 000 立方千米
VEI 7: 100 ~ 1 000 立方千米
VEI 6: 10 ~ 100 立方千米
VEI 5: 1 ~ 10 立方千米
VEI 4: 0.1 ~ 1 立方千米
VEI 3: 0.01 ~ 0.1 立方千米
VEI 2: 0.001 ~ 0.01 立方千米
VEI 1: 0.00 001 ~ 0.001 立方千米
VEI 0: <0.00 001 立方千米

火山爆发指数 8 级 / 多巴火山
74 000 年前
2 800 立方千米
（尼斯湖容量的 380 倍）

火山爆发指数 8 级 / 黄石国家公园
210 万年前 ~ 64 万年前
2 450 立方千米

火山爆发指数 8 级 / 黄石哈克贝利火山
210 万年前
2 450 立方千米

火山爆发指数 7 级 / 黄石梅萨瀑布火山
130 万年前
280 平方千米

火山爆发指数 5 级 / 皮纳图博火山
1991 年
5 立方千米

火山爆发指数 7 级 / 长谷火山
76 万年前
580 立方千米

火山碎屑立方千米数

火山爆发指数 4 级 / 华盛顿圣海伦火山
1980 年 / 0.25 立方千米

火山爆发指数 1 级
0.0 001 立方千米

火山爆发指数 2 级 / 加拿大拉森火山
1915 年 / 0.006 立方千米

火山爆发指数 3 级 / 加拿大威尔森·布特因尤火山
1350 年前 / 0.05 立方千米

当内部压强过高的岩浆通过岩浆室顶部裂缝喷出，超级火山就爆发了。火山爆发威力强大，因为超级火山的岩浆里充满火山气体，当压强骤降，这些气体就会膨胀爆裂，就像开香槟一样。另外，因岩浆的组成成分包括熔融的大陆地壳，所以超级火山的岩浆黏性非常高，流动速度不快。这跟夏威夷的冒纳罗亚火山正好相反，冒纳罗亚火山喷发熔岩的威力不大，因为岩浆是液态、黏稠度不高，且所含气体不多。

炽热的火山碎屑和气体能喷到35千米的高度，在大气层里扩散。有些碎屑像雪一样飘下来覆盖大地。其他的炽热碎屑形成有毒的火山碎屑流，以超过时速100千米的速度顺着火山坡往下俯冲。岩浆室在超级爆发过程中快速将内部岩浆清空，失去岩浆支撑的顶部崩塌，（重新）形成一个破火山口。

火山 VS 超级火山
爆发大对决

典型的普通火山	典型的超级火山
火山口	
火山口大小不一，但一个典型的盾形火山的火山口直径可以大至5 600米。美国圣海伦斯山的喷火口——相当于破火山口——大约宽3 200米。	破火山口越大，爆发威力越强，这意味着大部分超级火山覆盖范围都很广。多巴湖长90千米，下面就是一个巨大的破火山口。
高度	
普通火山是锥形山，约1千米高。以圣海伦斯火山为例，从火口底开始计算，高635米。	超级火山地势为负值：从火山抗内喷出。在超级火山的破火山口上形成的多巴湖深500米。
岩浆室大小	
普通火山的岩浆室较小。还是以圣海伦斯火山为例，岩浆室只有10~20立方千米。	黄石火山的岩浆室和破火山口宽度相近，岩浆室宽60×40千米，位于地表下方5~16千米处。
火山喷出物	
即使是规模较大的火山爆发喷出的火山物质的量也是相对很少的。黄石的超级火山爆发喷出的火山物质，与1980年圣海伦斯火山爆发喷出的火山物质相比，前者多达后者的2 500倍。	超级火山爆发喷出物超过1 000立方千米，喷出至少1 012吨岩浆，超过500亿辆汽车的重量。
破坏力	
只有少数几次火山爆发改变了全球气候，如1815年的坦博拉火山爆发，但其20多次火山爆发，大部分情况下爆发后只会对周边地区天气带来影响。	黄石火山爆发可以导致全球气温平均降低10摄氏度，持续时间达10年之久。黄石火山方圆1 000千米范围内，90%的人口死亡。

黄石国家公园卫星成像，黄石国家公园位于地壳的一个热点上。

黄石公园沸腾的巨大岩浆室

黄石国家公园下埋着一座活跃的超级火山。它的岩浆室距离地表只有8千米，给黄石公园10 000多个色彩鲜艳如宝石的温泉、翻滚的泥泉、蒸汽腾腾的喷气孔和像"老忠实泉"那样世界知名的间歇泉一刻不间断地提供热能。黄石公园面积8 897平方千米。面积4 400平方千米、足够容纳整个迪拜酋长国的黄石火山破火山口，亦在黄石公园园区内。

热点是超级火山的热力来源，是位于地表数千千米以下向地表升起的地幔热柱。热点就像一盏无比庞大的本生煤气喷灯，通过熔融位于热点上的岩石引起灾难性的火山爆发。科学家还没能确定为什么会形成热点，毕竟它们所处位置并不在地壳板块相互碰撞的板块边缘上。热点形成于1 700万年前，大约爆发过140次。北美板块在固定的热点上像传送带一样往西南方向移动，在身后留下了560千米长的死破火山口和远古熔岩流。

自黄石公园移到热点上之后，发生过3次超级爆发，分别在210万年前、130万年前和64万年前。每一次超级爆发喷出的岩浆都足够让岩浆室失去支撑而坍塌，形成破火山口。第一次，也是规模最大的一次爆发，形成了哈克贝利山脊凝灰岩，那是由超过2 450立方千米火山灰压缩而成的火山岩。那一次爆发在如今的黄石国家公园边界上爆出了一个面积约为80千米×65千米、深数百米的破火山口。历史最近的一次破火山口超级爆发把整个北美笼罩在火山灰里，形成了如今的黄石破火山口，方圆7 770平方千米都被炽热的气体和火山灰覆盖。

什么是熔岩？
近看火山喷涌出的熔融物质

地面下流动的熔融岩石叫岩浆。火山爆发把岩浆喷射到大气中。这时我们就把岩浆称为熔岩了。岩浆和熔岩本质上没太大区别，不同的称呼只是为了区别在地表以下还是地表以上的熔融岩石。在地表以下的岩浆因本身带火山气体，因此气压极高，巨大的火山爆发威力可以非常强大，把岩浆喷射到600米高空。

熔岩的温度可以达到700～1 200摄氏度不等，颜色亦很丰富，从温度最高的亮橘色到温度最低的褐红色都有。熔岩有的像糖浆一样黏稠，有的流动性不高，流动不明显。这与熔岩里二氧化硅含量多少有关，二氧化硅含量越高，黏稠度越高。熔岩冷却固化后，就会形成火成岩。

熔岩里是以气泡形式存在的火山气体，形成于熔融岩石还是在地下的岩浆时。岩浆从火山中喷涌而出的时候，充满了像泥巴一样稀烂的结晶矿物质（如橄榄石）。这些结晶矿物质暴露在空气中后冷却成火山玻璃。不同类型的熔岩有不同的化学组成成分，但大部分都含有大量硅和氧，以及少量其他元素，像镁、钙和铁。

从岩浆到熔岩

熔岩
裂缝的空间让岩浆里的气泡得以快速膨胀，让岩浆喷出火山口成为熔岩。

岩层裂缝
火山气体气泡不断上升，带着岩浆不断上涌，随着气压增加，会把火山的岩层撑出裂缝。

气压
有时这些气泡会很大，数量很多，最终导致火山气体压强升高。

气泡
地底的岩浆含有大量火山气体气泡，因为一层又一层的岩层而无法肆意膨胀。

地震

是什么引起这些破坏性极强的天灾?
人类如何预测地震?
又该采取哪些准备措施?

地震是地球上破坏力最强的天灾之一,能瞬间把城市夷为平地,掀起巨大海啸,将所到之处的一切卷入海浪,夺去大量无辜生命。

地震的可怕主要在于它的不可预测,一场大地震能在几乎没有预警的情况下发生,让震区人民来不及撤离到安全地方。所幸人类对板块构造渐渐有所了解,尽管我们不知道什么时候会发生地震,但起码我们能预测哪里会发生地震。

地球薄薄的表层,叫地壳,分成了几块持续运动的板块。地热从地核上升,地壳下面的地幔产生热对流,从而带动地壳板块往不同方向运动。

板块在运动过程中边缘相互碰撞、分离,或从彼此上下方经过,造成地质断层,大部分地震都在这些断层处发生。

张裂型板块或扩张型板块是两个板块往两边拉张,形成正断层,在陆地上出现裂谷或在海洋里出现洋脊。而聚合性板块边缘朝彼此方向运动则会形成逆断层,要么两个板块相互挤压形成山脉,要么其中一个往另一个板块下方俯冲,形成隐没带。再一种状况是守恒性板块边界,又称转换板块边界,两个平行运动的板块相互侧向滑移,形成平移断层。

知道这些断层的位置所在,我们就能知道哪里最有可能发生地震,让附近的城镇有机会做好应对措施。虽然地震的副效应,如山体滑坡和天然气管道爆裂引起火灾等都是致命的,但在地震中造成主要伤亡的,通常是建筑物坍塌。因此,在发达的国家和地区,邻近断层地带的建筑物的建筑设计都能承受强烈的震波或能顺应震波运动。

构造板块

地壳是如何往不同方向运动的？

板块类型
地壳板块主要有两种类型：大陆板块和海洋板块。相比海洋板块，大陆板块的密度较低，厚度较大。

83万
世界上伤亡最惨重的一次地震，约有83万人罹难。

运动速度
地壳板块平均一年移动0～10厘米。圣安德烈亚斯断层每年大约移动50毫米——相当于你指甲生长的速度。

盘古大陆
盘古大陆是一块超级大陆。地球之初只有一块大陆，叫盘古大陆，大约2亿年前开始分离，最终形成了如今的大陆板块形态。

太平洋火圈
围绕太平洋的板块边界被称为"火圈"，地球上90%的地震发生于该火圈上。

生活在地震带附近的居民也会定期进行地震演习，像加州地震演习，让居民熟习如何在地震中寻找安全的容身处。然而，不少贫困地区没有如此完善的地震准备能力，一旦发生地震，对当地造成的破坏和人员伤亡往往比正常程度高很多。

所幸的是，对地震如何发生的了解，以及最新科技发展能有效帮助我们通过更有效的方法去预测何时在何地会发生地震。目前科学家通过研究具体地区的地震活动历史以及监测断层线压力强弱指数来推测地震发生的时间。不过到目前为止，这种方法推测出来的结果还非常模糊。研究的最终目的，是准确地尽早向当地居民提出近期地震预警，让居民能做好准备，将伤亡和财产损失降到最低。可在这一目的能实现之前，时刻承受着地震威胁依然是生活在活跃断层线上的人们日常生活的一部分。

地球结构

图解地球不同层面

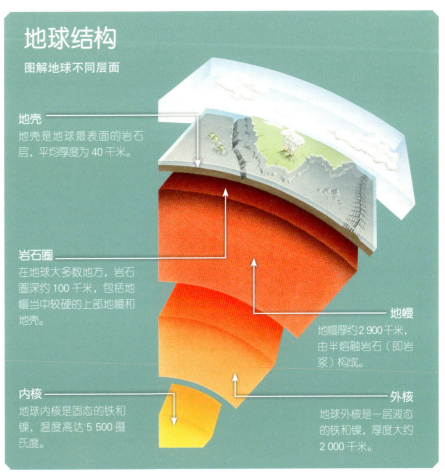

地壳
地壳是地球最表面的岩石层，平均厚度为40千米。

岩石圈
在地球大多数地方，岩石圈深约100千米，包括地幔当中较硬的上部地幔和地壳。

地幔
地幔厚约2 900千米，由半熔融岩石（即岩浆）构成。

内核
地球内核是固态的铁和镍，温度高达5 500摄氏度。

外核
地球外核是一层液态的铁和镍，厚度大约2 000千米。

地震全透析

地震是如何形成，
如何撼动我们脚下那片大地的？

构造板块相互碰撞的时候，会产生压力，压力累积到一定程度，板块会相互间滑动，释放出巨大能量，地震波传上地面，便产生地震。裂缝通常位于地下好几千米深的地方，那个地方就叫震源。位于震源正上方的地面，叫震中，地震受灾最严重的地区往往也是这里。鉴于断层线的不同类型，地震也有不同的特点。位于海底的断层，有时还会掀起破坏性极大的巨浪，即海啸。

地震是怎么产生的

积累的压力导致地面运动和震动

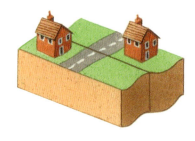

摩擦产生压力
构造板块彼此擦过或相互碰撞，就会产生摩擦，导致板块无法继续运动，巨大压力不断累积。

释放能量
当压力最终大于摩擦力时，板块会突然断裂，彼此滑过，释放出巨大的能量，产生地震波。

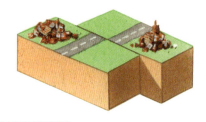

过程无限循环
一旦能量彻底释放了，板块将会在各自新的位置上进行运动，重复上述循环。

断层线

地壳如何沿着不同板块边界运动

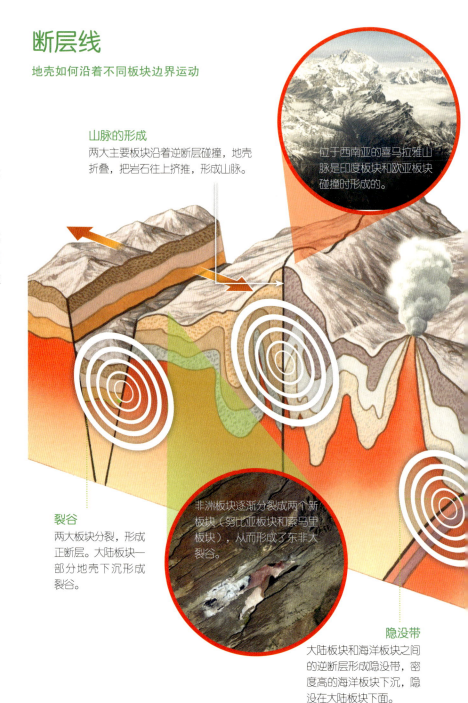

山脉的形成
两大主要板块沿着逆断层碰撞，地壳折叠，把岩石往上挤推，形成山脉。

位于西南亚的喜马拉雅山脉是印度板块和欧亚板块碰撞时形成的。

裂谷
两大板块分裂，形成正断层。大陆板块一部分地壳下沉形成裂谷。

非洲板块逐渐分裂成两个新板块（努比亚板块和索马里板块），从而形成了东非大裂谷。

隐没带
大陆板块和海洋板块之间的逆断层形成隐没带，密度高的海洋板块下沉，隐没在大陆板块下面。

海啸

海底地震如何掀起破坏性极大的巨浪

海水移位
两块海洋板块彼此摩擦产生地震，板块上方大量海水移位。

小规模的初始
震中的海水涌起小浪向外传播，海浪速度可达每小时 805 千米。

海啸与海浪混合
波长长、高度矮——通常高度不足 1 米——的海浪，意味着它们与正常的海浪混在一起了。

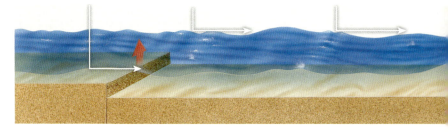

地震波

震波如何穿透地壳传上地表

洋脊
当两块海洋板块间出现正断层时,岩浆上涌填充裂缝空隙,形成洋脊。

平移断层
两个板块相互间水平方向摩擦运动,形成的断层叫平移断层,又称转换断层。

圣安德烈亚斯断层是太平洋板块和北美板块以不同速度往同一个方向运动时造成的断层。

750 千米
最深的震源深度

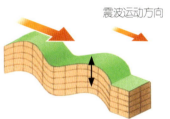

主波
主波(P波)在地壳前后移动,让地面随震波的方向运动。这是运动速度最快的地震波,速度为每秒 6～11 千米。发生震动前会发出一声巨响。

岩石运动方向

震波运动方向

次级波
次级波(S波)上下运动,与地震波传递方向正好垂直,造成地壳波浪形的运动。次级波比主波速度慢,为每秒 3.4～7.2 千米,只能在固体中传播,而无法在液体中传播。

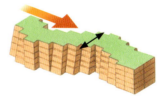

勒夫波
跟主波和次级波不一样,地面波只在地面传播,而且运动速度相对前两者慢很多。勒夫波因英国地震学家 A·E·H·勒夫提出而得名。这种地震波是两种地面波中运动速度较快的一种,地面与地震波传播方向垂直地做水平运动。

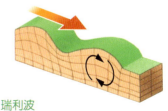

瑞利波
由英国地震学家瑞利勋爵提出的地面波被命名为瑞利波,这种地面波导致地面呈椭圆轨迹运动。地面波是在地震中最晚抵达的,但因它们带来的震动非常猛烈,所以地面波对基础设施的破坏往往也是最严重的。

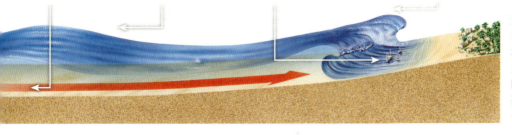

速度减慢
当海浪抵达海岸浅水区时,升高的海床带来摩擦,减慢海浪的速度。

海浪升高
随着海浪速度减慢,海浪波长缩短,海啸便能增高到大约 30 米的高度。

早期预警信号
通常海啸的波谷(波浪的最低点)最先抵达海岸,造成真空效果,将海岸的海水往海洋方向倒吸。

海啸来袭
数分钟后,海啸波峰就会抵达海岸。海啸不是单一的海浪,而是一系列的海浪,称为"波列"。

地震监测

今时与往日记录地震的方法

地震仪是测量地震、生成地壳震动相关视觉参数记录的仪器。通过频谱图显示地震波，让你可以分辨出不同的地震波类型。首先出现的是波动幅度最小但速度最快的 P 波，然后是波动幅度大且速度较慢的 S 波和地面波。根据 P 波和 S 波抵达相隔的时间可以计算出地震距离测量点有多远，让研究人员精确算出震中位置。波动的大小还能让研究人员知道地震规模。地震规模是通过里氏地震规模来划分的。

地震仪如何运作

这款精密的仪器用于记录地震相关数据

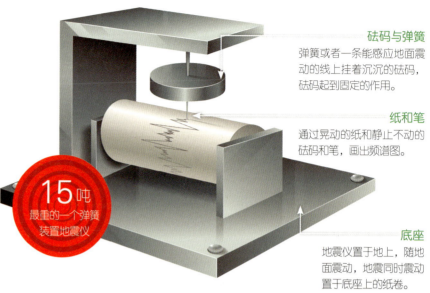

砝码与弹簧
弹簧或者一条能感应地面震动的线上挂着沉沉的砝码，砝码起到固定的作用。

纸和笔
通过晃动的纸和静止不动的砝码和笔，画出频谱图。

底座
地震仪置于地上，随地面震动，地震同时震动置于底座上的纸卷。

15 吨
最重的一个弹簧装置地震仪

已知最早的一款地震仪看着很像一个直径 1.8 米的酒樽。

第一个地震仪

已知最早的地震仪是中国哲学家张衡在公元 132 年发明的"地动仪"。地动仪其实并不真的记录地震数据，只是单纯地感知有没有发生地震。圆柱形的容器上方有八个龙头，分别面向指南针上的八个主要方向，每个龙头下方都有一只开口的蟾蜍。每个龙嘴里都含着一个小球，地震发生时会有小球掉入下方蟾蜍嘴里。至于哪个龙头吐球，则取决于震感来自哪个方向。没有人知道圆柱体内到底有什么，但有人推测里面挂着个"悬垂摆"，用以感知地震，激活龙嘴里的小球。据说这个地动仪检测到了 650 千米外的地震，而与地动仪在同一个地方的人都没感受到震感。

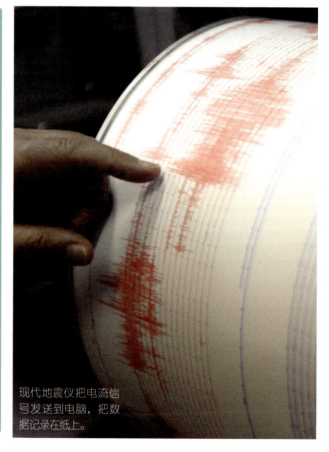

现代地震仪把电流信号发送到电脑，把数据记录在纸上。

里氏地震规模

美国地震学家查尔斯·法兰西·里克特创立了测量地震等级的度量方式。

0 ~ 2.9 级
每年有超过 100 万起人们没感受到震感的地震。

3.0 ~ 3.9 级
不少人能感受到微小震级的地震。这种地震每年发生多达 10 万起，但不会造成损失。

4.0 ~ 4.9 级
震区所有人都有震感，轻微震级的地震每年发生多达 15 000 起，造成物件摔破。

5.0 ~ 5.9 级
中等强度的地震对建筑质量不佳的建筑造成不同程度的破坏，每年发生约 1 000 起中等强度的地震。

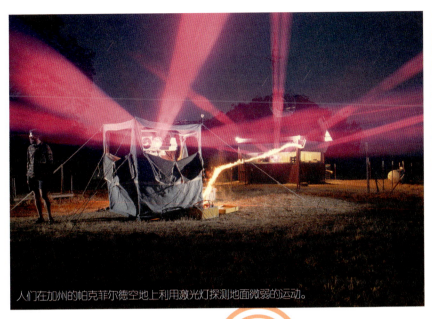

人们在加州的帕克菲尔德空地上利用激光灯探测地面微弱的运动。

一旦感觉要发生地震，人们可躲于桌下，利用桌子遮挡上方掉下的碎屑。

预测地震
帮助我们预测未来地震活动的现代方法

到目前为止，人类还没有办法及早预测地震，让人们有充足时间做好准备，不过倒是有些早期预警系统，可以让人在地震发生前有数秒到数分钟的准备时间。当地震仪感测到最先到达但通常不会造成太大破坏的P波时，地震专家就可以通过P波的相关数据估算出震中位置和地震级别，在更具破坏性的S波抵达前及早通知灾区民众。距离震中位置远近不同，当地的人们应该能有足够时间寻找防身处，甚至暂停交通运输、关闭工业系统，从而减少伤亡和损失。

地震专家们还在努力争取公众协力研发早期预警系统。地震捕手网络（简称QCN）是一个全球性的民众自发提供地震数据的网络。人们把低成本的运动传感器固定在家里或办公地点的地面上。这些传感器与电脑联网，能把实时地震活动数据传往地震捕手网络的服务器，若当中有哪些传感器感测到强运动，就有望能及早向当地民众发出警告。

要想更进一步地提前预测地震，就要了解地震发生前的模式特征或会出现的特殊现象。其中就有人提出，地震前从地壳随意泄出的气体会增多。但就算不发生地震，这种现象也有可能出现，所以这不能算是会发生地震的有效预警信号。

科学家们甚至还尝试证明动物比人类更能准确地预知地震发生，但它们并未出现与地震相关的大规模反常行为。地震专家们在加州沿着圣安德烈亚斯断层的帕克菲尔德地段进行其他可能预测地震的方法的测试。其中就有利用激光监测地壳运动、利用感应器监视井里地下水位、利用磁石测量地磁场变化等。一切都是为了尽早预测下一场大地震的发生。

雷达制图

干涉合成孔径雷达（简称InSAR）是监测地震的新发展。卫星或特别改造的飞机负责发送或接收雷达电波，收集地球相关信息数据。通过多次反馈雷达信号，就能凭这些信号合成生成一张彩色图片（下图是一张断层线彩色图）。不同的颜色显示出在每次拍摄时间之间产生的地面移动，制图能显示出会引起地震的地面缓慢的变化。这是一项灵敏度相当高的技术，甚至可以监测到地面细微的运动，让科学家可以对断层线进行更细致的监察，知道在哪里积聚着巨大的压力。希望这种数据能最终让地震学家们知道这种压力什么时候达到灾难性水平，能更准确地提前数天甚至数周时间向震区发出警告，让人们能做好充分应灾准备。

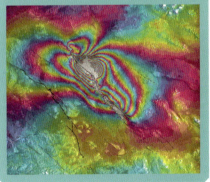

6.0 ~ 6.9级
每年发生超过100起强地震，对人口密集区造成中等程度的破坏。

7.0 ~ 7.9级
重大地震每年发生大约10起，造成人员伤亡，给主要受灾地区带来严重破坏。

8.0级及以上
每年被定义为极大规模的地震不超过3起，这种等级的地震会造成严重破坏，使受灾地区人员伤亡严重。

天坑是如何形成的？

你进去过地球上那些地质学与历史密不可分的地方吗？

在墨西哥尤卡坦半岛，有一个异常美丽的天坑。巨大的地下洞穴里有深深的水晶般清澈的水，不但游客和潜水爱好者喜欢到此游泳和潜水，这里对尤卡坦当地人来说，还有着无比珍贵的考古和文化意义。

尤卡坦半岛是石灰岩地质，曾经是一片珊瑚礁，在最后一次冰河时期逐渐露出海面。半岛表面并没有太多河流或溪流，但全球最长的三条地下河，皆埋藏于此。这三条重要的地下河让尤卡坦文明得以辉煌千年万载。

天坑之初，其实只是石灰岩基石上的裂缝。弱酸性的雨水和地下水通过这些裂缝往下渗透，逐渐溶解柔软的石灰岩，使裂缝渐渐变大。因为是低洼地，历经千年，通过岩缝流入的水越来越多，慢慢形成了一个洞穴，而后洞穴被地下水填满。

再历经千年万年，洞穴里的石灰岩逐渐被水溶蚀，形成了巨大无比的洞室。这些洞室的顶部是最脆弱的地方，当洞顶最终坍塌后，便形成了天坑。阳光从坑洞口射下，树根穿透岩缝垂落，汲取洞内水分。

尤卡坦半岛有6 000多个天坑，但其中被注册并成为研究对象的只有2 400个。巨大圆顶仿如大教堂般宏伟，水清渊深。不难想象为什么古人对天坑内未知的一切充满了敬畏和恐惧，把天坑视为另一个世界的入口。

"洞穴里的石灰岩逐渐被水溶蚀，形成了巨大无比的洞室"

世界上最长的地下河

在墨西哥尤卡坦地下，有石灰岩岩洞和地下水的迷宫。"最长地下河"的称号曾经是属于菲律宾的普林塞下的地下河的，它汇入南海前，在石灰岩洞里流淌 8 200 米。

而现在，英国和德国潜水者经过 4 年探索后发现了白笼（Sac Actun）河流系统，在尤卡坦的石灰岩地下迷宫里流淌 153 千米，夺下了全球"最长地下河"的桂冠。

潜水者潜水时发现白笼和大鸟笼（Nohoch Nah Chich）这两个当地最长的洞穴系统之间的水路联系。如今整个地下河网络被统称为"白笼"（当中包括河流不流经的地方），全长 319 千米。同时这也是世界上第二长的洞穴系统，仅次于全长 644 千米的美国肯塔基州猛犸象洞穴系统。

一位洞潜者在墨西哥尤卡坦半岛普拉亚德尔卡曼的 Chac Mool 天坑。

山的形成

有多少种造山形式？

山是地表升起的规模庞大的地貌，通常是在一次或多次地质过程（如板块构造、火山运动和/或侵蚀作用）中形成的。可以根据以下五类进行划分——褶曲山、断块山、穹形山、火山和高原切割山脉——不过也有部分山脉的类型可以划分进不止一个类别中。

山占了地球土地面积的25%，在亚洲甚至超过60%，它们提供的不仅是美景和休闲娱乐场所，不少溪河都是靠高山融水维持淡水水量，而这些溪河养育了地球上超过半数的人口。山上生物非常多样化，在不同的高度和气候环境下，都有其独特的生态系统。

山有一点是很不可思议的：尽管它们看起来如此坚固，一动不动，其实却无时无刻不在改变，有时甚至可以说是在生长。

地球十大山脉

1. 乌拉尔山脉
类型：位于亚洲与欧洲分界的褶曲山脉

2. 阿尔泰山脉
类型：位于中亚的断块山脉

3. 天山山脉
类型：位于中亚的断块山脉

4. 苏门答腊－爪哇山脉
类型：不连续的间断山脉系统，当中包括活火山，从苏门答腊（巴利桑山脉）一直延伸到爪哇岛

5. 马尔山脉
类型：不连续的间断山脉系统，坐落于巴西东部海岸，属于断块山脉

6. 横贯南极山脉
类型：划分南极东西两半的断块山脉链

7. 大分水岭
类型：不连续的褶曲山脉，位于澳大利亚大陆的东岸

8. 喜马拉雅山脉
类型：位于亚洲的褶曲山脉系统

9. 落基山脉
类型：北美西部的褶曲山脉

10. 安第斯山脉
类型：位于南美洲的褶曲山脉

世界最高峰位于喜马拉雅山脉。

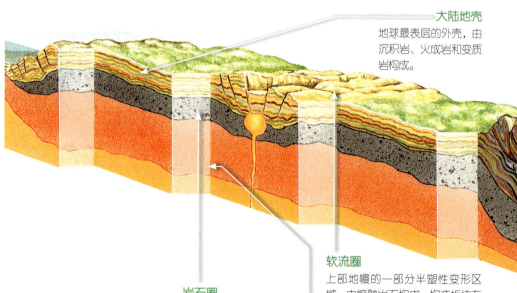

大陆地壳
地球最表层的外壳，由沉积岩、火成岩和变质岩构成。

软流圈
上部地幔的一部分半塑性变形区域，由熔融岩石构成，构造板块在这上面滑动。

岩石圈
这一层由坚硬的岩石构成，包括海洋地壳和大陆地壳，以及部分上部地幔。构造板块属于岩石圈。

断块山脉
构造板块的裂缝导致巨大的岩石块相互往对方位置倾斜。推高的岩石块形成山脉。

因为板块构造，山从地面升起——褶曲山和断块山——经过数百万年的时间慢慢形成。最初因为挤压而形成山脉的板块和岩石每年升高2厘米，也就是说，山在生长。喜马拉雅山每年生长1厘米。

能堆起高山的火山运动有盛有衰。富士山，日本第一高山，自781年以来爆发了16次，而菲律宾的皮纳图博火山在20世纪90年代初期史无前例地爆发，是20世纪规模第二大的火山爆发。处于休眠期的火山——还有其他各种类型的山——都会因为侵蚀作用、地震和其他活动而导致山的外表及周边地形出现巨大变化。受地球冰河时期影响形成的各种山峰，还有各自的不同类型。例如阿尔卑斯山脉的马洪特峰，山峰寸草不生，近乎垂直，这样的山峰，叫金字塔峰，也叫角峰。

山的类型

褶曲山
两个构造板块相互碰撞是最常见的山脉形成原因。两个板块的碰撞边缘皱曲折叠，隆起一条长长的山脉。
代表：珠穆朗玛峰、阿空加瓜山

火山
在岩浆喷发时堆起的熔岩、岩石、火山灰和其他火山物质形成了山。
代表：富士山、乞力马扎罗山

穹形山
穹形山也是因岩浆形成的。但跟火山不一样，穹形山不会喷发，只是地壳的沉积层被岩浆推高形成一座圆顶的山而已。
代表：纳瓦霍山、奥索卡山

高原山脉
高原山脉是被抬高的地壳经过侵蚀而形成的。在地质学上被称为"切割作用"。
代表：卡兹奇山、蓝山

断块山
地壳断裂的岩层彼此向对方方向倾斜，就会形成断块山。被堆高的断块山有可能是两面陡坡，也有可能是一面缓坡、一面陡坡。
代表：圣马尔塔内华达山脉、乌拉尔山

山脉从地下而生

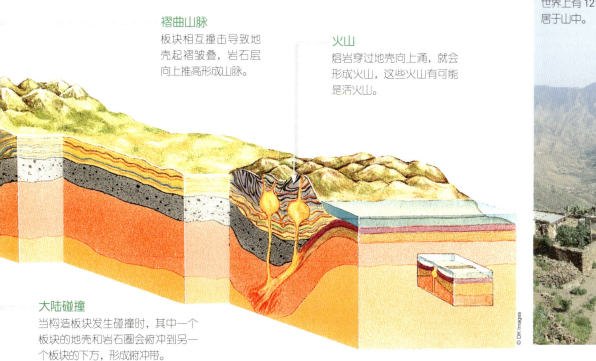

褶曲山脉
板块相互撞击导致地壳起褶皱叠，岩石层向上推高形成山脉。

火山
熔岩穿过地壳向上涌，就会形成火山，这些火山有可能是活火山。

大陆碰撞
当构造板块发生碰撞时，其中一个板块的地壳和岩石圈会俯冲到另一个板块的下方，形成俯冲带。

世界上有12%的人口居于山中。

是谁打开了地狱之门？

自1971年起一直熊熊燃烧着的土库曼斯坦天然气坑

达瓦札天然气坑位于土库曼斯坦卡拉库姆沙漠的中部，是一个直径70米的巨大天然火盆。1971年，勘探队设置天然气钻头和勘探营地的地面突然坍塌，露出如此一个大坑，当地人称它为"地狱之门"。

地面坍塌后，负责勘探行动的苏联钻探队认为，要阻止坑内泄出的有毒天然气对周围环境造成污染，最好的办法是把天然气燃烧掉。于是他们往坑里扔了一把火。当时地质学家估计，这天然气烧几天怎么也得烧完了。结果这一烧，就是四十多年，如今这熊熊火光依然能把方圆数英里照得通亮。

现在"地狱之门"成了一个旅游热点，世界各地游客纷纷造访附近的达瓦札村——一个当地人口只有350人的小村落。旅游团通常在傍晚才前往气坑，因为相比白天明亮的光线，黄昏暮色下熊熊火光更壮观、更梦幻。

火山口 湖泊是如何形成的?

潜入这些有着火爆过去的湖里一探它们的地理成因

当把高山湖泊的美景一览眼底,那优美宁静的景色让人内心祥和一片。然而,这种感觉却与它们形成的真相相差了十万八千里。从地壳构造板块运动,到冰川侵蚀大地,这些宁静祥和的美景往往都是壮观的地质运动的结果。

火山口湖泊的诞生是最壮观的。尽管玛珥湖(即低平火山口湖)是岩浆喷发后由碎屑包围而成的,也属于火山运动的结果,但玛珥湖一般比较浅。阿拉斯加魔鬼山玛珥湖是全球最深的玛珥,深度也才200米。玛珥湖的规模与火山口湖的规模相比,简直是小巫见大巫。

火山口湖泊的起源,极为狂暴。在超级火山爆发或一连串的火山爆发过程中,温度极高且极不稳定。在某些极为剧烈的火山运动中,当火山灰和烟雾都散开后,才发现整个火山锥向内坍塌,彻底消失了,只在火山顶留下一片巨大的凹地,也就是破火山口。

在这之后的漫长休眠期里,雨雪在破火山口里积聚,数世纪过去,终于积成了一湖深水。俄勒冈州的火山口湖是全美国最深的湖泊,深592米。地区降水量和年蒸发量/渗流量经过一段时间后稳定下来,让火山口湖的水量得以保持稳定水平。

火山口湖泊形成

火山口湖泊形成的4个重要阶段

火山
每一座火山在顶端都有一个火山口,规模大小不一,但因为地热活动的关系,能形成湖泊的没几个。

超级爆发
经过很长时间的休眠期,或经历剧烈构造运动的情况下,会有一场规模异常庞大的超级火山爆发。

坍塌
若火山爆发达到能改变气候的程度,火山口定会扩大,而在更极端的情况下,整个火山锥向内坍塌,只留下一个破火山口。

湖泊
经过数世纪的岁月,破火山口下岩浆室里的岩浆凝固。在温度下降的坑口,雨和雪有机会慢慢积聚,最终形成一个湖泊。

位于日本本州藏王连峰的火山口湖亦被称为"五色湖",因为湖水颜色会随着天气变化而改变。

就是喜欢它够热……

在破火山口下,或许火山活动并未停歇,而这就会对火山口湖里的化学成分产生影响。周边没有人类的生产活动,所以火山口湖泊的湖水非常清澈,通常呈现珠宝一样的绿色或蓝色。但那并不意味着火山口湖泊是一潭死水。有的火山口湖泊比其他火山口湖泊更适合有机生命体生存,像各种昆虫、鱼类,一直到食物链顶端的掠食者。但就算是那些喷发出致命有毒气体、含有有毒矿物质的,也能有其独特的生态系统。像安第斯山脉的卡塔玛卡钻石湖,湖水超碱性(pH11),含砷,盐度是海水的五倍,但2010年研究队却发现湖底有"一大片一大片的微生物",而这些微生物又是火烈鸟的食物。

石笋和钟乳石

地底下这些奇形怪石是如何形成的?

钟乳石的英文单词 stalacites 和石笋的英文单词 stalagmites 很难区分? 教你个小诀窍: 看到单词里的"c",可当作代表天花板"ceiling",也就是从洞顶往下生长的钟乳石; 而看到单词里的"g",可当作代表地面"ground",也就是从地面往上长的石笋。钟乳石和石笋都是洞穴内的堆积物,历经千年万载,潺潺流水流经洞穴,矿物质层层沉积才能形成。

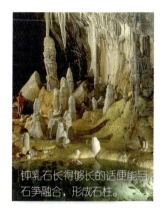
钟乳石长得够长的话便能与石笋融合,形成石柱。

钟乳石 终年不断的水滴让钟乳石往下生长

1. 水珠
水缓慢地通过岩石裂缝和孔洞往下渗透,最终洞穴顶出现了一滴水珠。

2. 逐渐沉积
水里含有碳酸钙——碳酸钙与空气接触产生化学反应,沉淀出碳酸钙固体,在水珠周围形成一个坚固的石圈。

3. 一层又一层
慢慢形成了又长又薄的中空管道,水珠顺着管道的中空滴落。

4. 越来越坚固的洞穴沉积物
随着越来越多的矿物质沉积,钟乳石变得越来越长,越来越粗,也越来越坚固。

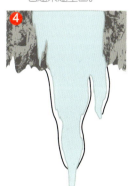

石笋

这些沉积物缓缓从洞穴地面向上升起

1. 洞顶滴落的水珠
随着在洞顶形成钟乳石的水珠滴落地面,固态碳酸钙逐渐形成石笋的底座。

2. 圆润的形状
石笋的形状是圆顶形。随着越来越多水珠滴落,石笋逐渐成形。

3. "生长" 缓慢
石笋的形成速度比钟乳石要慢,但一上一下两个沉积物终能融合形成一条石柱。

4. 记录天气
分析石笋能得出石笋的年龄。在天气潮湿的年份,碳酸钙层之间会压得较紧实,在天气干燥的年份,碳酸钙层之间空隙较大。

土壤是由什么构成的?

地球最重要的自然资源的成分表

最常见的土壤,是沙砾混合了地面矿物质和腐化了的有机物,如树上飘落的叶片。生活在里面的各种昆虫和蠕虫会将这些天然的原料搅拌混合。

土壤里岩石碎块的来源可以是深埋于地下的基岩,也可以是通过其他外力,如河水或冰川带来的一些碎石块、瓦砾和更多的泥土。

土壤有6种主要类型,每一种都有不同的矿物成分和矿物比例。黏土密度高,营养成分也高; 沙质土质轻,干燥,偏酸性; 淤泥土非常肥沃,能锁住大量水分; 沙壤土介于黏土、沙质土和淤泥土之间; 泥沼土则富含有机物; 白垩质土含有碳酸钙,因此碱性较强。

不少土壤都会有不同的层次,叫土壤层。取决于不同的地方,土壤里不同的层位通常是由腐化程度不一样的有机物构成。

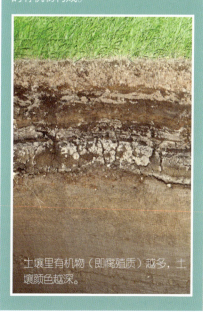
土壤里有机物(即腐殖质)越多,土壤颜色越深。

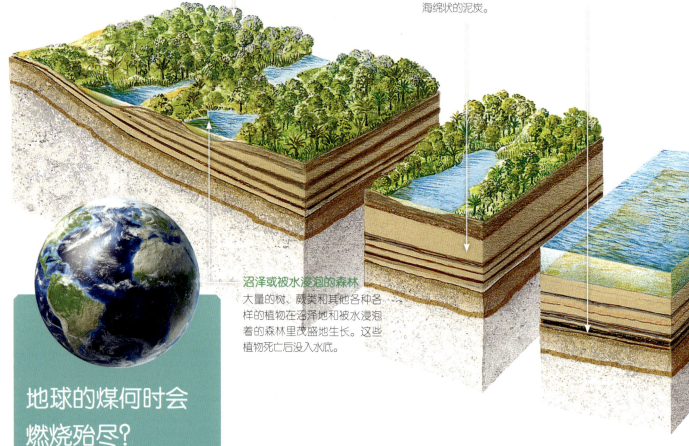

茂密的植被
大量煤的储存在大约3亿年前的石炭纪形成，现在的欧洲和美国在当时都是一片潮湿的热带雨林。

泥炭层
因为缺少氧气，死亡后没入水中的植物不会完全腐化。部分腐化的植物形成一层层泡着水的海绵状的泥炭。

堆积层
地壳运动，河流或海洋把沉积物带过来，泥炭就会被沙、土和岩石掩埋挤压。

沼泽或被水浸泡的森林
大量的树、蕨类和其他各种各样的植物在沼泽地和被水浸泡着的森林里茂盛地生长。这些植物死亡后没入水底。

地球的煤何时会燃烧殆尽？

没有人确切地知道什么时候人类会把地球上的煤烧光，但在过去200年里，煤的使用量一直在飙升。仅在2009年，我们就烧了68亿吨煤——那可是大约40亿辆轿车的重量啊！地下埋着尚未开采的煤矿资源，大约有8 600亿吨，按照目前的消耗速度，据主要的煤炭生产商估计，只够持续大约130年。

尽管如此，谁也无法保证人类会不会提前把煤烧光，毕竟有的埋在了人类开采不到的地方，有的质量很差。更甚者，我们无法确定未开采的煤到底有多少。举个例子，印度在2003年就把印度国内的煤炭资源多估了360亿吨。不过我们也许能开发出更好的能源，停止使用煤，那样地球上的煤就不会被烧光了。

煤 是如何形成的？
恐龙出现以前就已经死亡的植物能给你的手提电脑供能

煤对现代生活来说是极为重要的能量来源，全球大约40%的电力是燃烧煤而得来的。煤可用于生产液态燃料、塑胶、钢筋混凝土，甚至是去头虱的洗发水。

你或许会觉得，煤是一种高科技物质，因为它有着很多复杂的用途。但其实煤就是由1亿年前，第一只恐龙还没出现时就已经死亡的古代植物转化而成的。史前植物在死亡之前吸收太阳能量，以碳的形式锁于煤中。我们在发电站燃烧煤，就是在释放远古的太阳能。所以煤又被称为"埋在地下的阳光"。

煤的主要成分是碳和水。碳含量丰富的煤，水分不多，燃烧时能释放出大量能量。低碳煤在地底埋藏时间不长，含有更多水分和其他杂质。"煤级"，也就是煤的质量取决于水和碳的含量。煤分4个等级：褐煤、亚烟煤、烟煤和无烟煤。煤的总质量中，有多达10%是硫。现代的发电站通过脱硫措施，防止硫进入大气。

人类使用的所有化石燃料——煤、石油和天然气——都是含碳量丰富的史前有机物。我们把化石燃料称为"不可再生资源"是因为这些远古的能量储存需要历经千万年、亿年才能形成。快速地把碳元素从能量储存中释放出来，也会对大气造成污染。烧煤的一个副产物二氧化碳气体，是导致全球变暖的主要原因。

煤的形成

褐煤
承受着上面沉积物的重力，泥炭会被挤压，水分被挤出。最终地下的热量和压力把泥炭转变成柔软的褐色煤矿，叫褐煤。

形成煤的植物死去很久以后，恐龙才成为地球的霸主。

烟煤和无烟煤
持续的热力和压强把褐煤转化成质地相对软的黑色的烟煤和相对硬的有光泽的无烟煤。这两种煤都比褐煤含碳量高，因为杂质和水分都被挤压出来了。

露天煤矿
植物在湿地里死去千万年后，人类从接近地面的露天煤矿里开采出煤。

煤是死在湿地里的化石化了的植物演变而来的。

用于从地底开采煤矿的专业采矿设备。

风力发电机发电。

未来的能源

我们无法单靠远古的植物永久地为人类文明供能。在人类有生之年都将永不枯竭的能量来源，才是人类理想的未来能源。其中一个很好的例子，就是利用能收集阳光的太阳能板捕捉太阳取之不尽的能量。只要给撒哈拉沙漠1%的面积铺上太阳能板，就足够为全世界供电了。

太阳能带动地球的水循环，让水流从高处往低处流淌。流动速度快的水流可推动螺旋桨，从而发电。潮汐和浮动波也能给发电机供能，达到发电的目的。月球、太阳和地球的运动带动潮汐，而它们的运动在短期内是不会停止的。

在风力强劲的山坡上，通常能见到风力发电机，海边也是修建大型风电场的理想场所。风力发电的原理就是利用风吹动涡轮机叶片旋转发电。还有一个能量来源，是热度与太阳表面相当的地核。地核的热能既能给家庭供暖，也能用于发电。

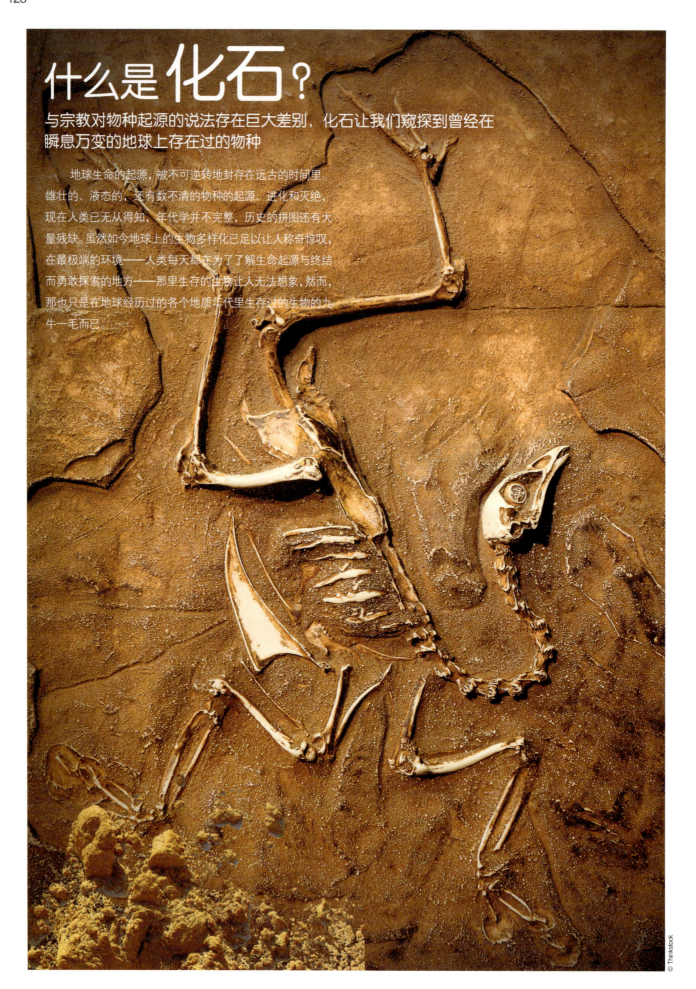

什么是化石？

与宗教对物种起源的说法存在巨大差别，化石让我们窥探到曾经在瞬息万变的地球上存在过的物种

地球生命的起源，被不可逆转地封存在远古的时间里。雄壮的、液态的，还有数不清的物种的起源、进化和灭绝，现在人类已无从得知。年代学并不完整，历史的拼图还有大量残缺。虽然如今地球上的生物多样化已足以让人称奇惊叹，在最极端的环境——人类每天都在为了了解生命起源与终结而勇敢探索的地方——那里生存的生物让人无法想象，然而，那也只是在地球经历过的各个地质年代里生存过的生物的九牛一毛而已。

压型
生物在沉积岩中被压实的化石化过程。这类化石化过程主要发生在常有沉积物堆积的地方,如河边。不少植物化石都是以这种方式形成的。

树脂
树脂又称琥珀,树脂化石是一种树和植物分泌的纯天然聚合物。因为树脂分泌出来的时候质地柔软且黏稠,往往被困在里面的,是像昆虫和蜘蛛那样细小的无脊椎动物,一旦被困,就永远地被存封了。

生物包含
这种化石在形成过程中包含了另一个生物体,另一个生物体也在该化石中留下了痕迹。这类化石常见于无梗骨骼生物,如牡蛎。

碳测年

碳测年让古生物学家能准确知道远古化石的生成年代,是古生物学家的一个重要研究工具。

碳测年是古生物学家利用放射性同位素碳-14的放射性定年法,用以确定生物死亡和化石化的时间。碳-14元素存在于地球上每一种生物体内,生物一旦死亡,就停止与外界交流碳-14元素,体内原有的碳-14元素会通过放射衰变逐渐减少。碳-14的半衰期(衰变减少至原来一半所需的时间)是5 730年,因此,通过测量化石里碳-14的衰变水平,就能推算出生物死亡的时间和地质年龄。

化石化作用的不同类型

取决于气候和地面状况,死去的动物变成化石的方式有多种

科学家利用坦德龙粒子加速器测量考古标本的年代。

矿物填充
矿物沉积形成生物内模的过程,就是矿物填充作用。动物死亡后很快便被地下水淹没。地下水填充了生物的肺部和其他中空部位,水干了之后,留下了矿物填充的内模。

重结晶
贝壳类生物的贝壳、骨骼或组织维持原始形态,但却逐渐被矿物质补充替代——如火石和方解石——即重结晶。

模铸
这种化石化过程与矿物填充作用相似,动物的残骸被完全分解或破坏,在岩石中留下一个与生物形状一致的中空孔洞。如果孔洞被矿物质填充,就会形成模。

地球上时刻变化的恶劣残酷的环境,世界末日级别的导致地球物种大灭绝的历史性事件,时时刻刻存在着的物竞天择的大自然无形的神力,让那些神奇的生物,像有着五只眼睛的生物,獠牙有1英尺[1]长的掠食猛兽和体型比得上两辆双层公交车的庞然大物等,早已不复存在。亿万年来,它们被掩埋在地下,被遗忘了。但它们留下了存在过的痕迹!被保存在地壳里的过去生命体的残骸及它们生活的痕迹,就是化石。通过地球的自然进程和现代技术,科学家和古生物学家发现化石并把化石挖掘出来,对地球生命体系进行一步步的探索,把失落的远古时代一块一块拼凑回来。

生命体被化石化的方式可以有多种(见图"化石化作用的不同类型"),但总的来说,就是死去的生物快速地被沉积物掩埋,或被淹没在氧气含量不足以让残骸彻底腐化的液体里。这样能有效地把生命体的一部分原原本本地在地壳里保存起来——通常是较坚硬的固体部分,如骨骼。而较柔软的部位,因为腐化速度快,加上被掩埋它们的沉积物或液体里的矿物质取替(在这个过程中,留下的不是生物原本的残骸,而是生物曾经存在过的印痕或矿物模)而无法保存下来。然而,对研究来讲更重要的是,生命体当时存在的环境条件对化石化具有很大程度的影响——而这对了解地球地质历史有很重大的意义。

---
[1] 1英尺 = 30.48 厘米。

例如，某些种类的三叶虫只能在特定的岩层里找到，而岩层本身又有其独特的物质组成和矿物组成。这就让古生物学家得以推断出当时该生物活着和死亡时所处的环境状况（热、冷、干燥、潮湿等），再加上通过碳测年的方法，推断出化石开始形成的大致时间。

有意思的是，通过利用古生物学和种系发生学（研究物种之间的进化关系）的手段对岩层和不同岩层所含化石进行研究，科学家就能推断出在不同地质年代的动物进化关系。他们推测出鸟类是某些类别的恐龙进化而来的，就是一个很好的例子。通过岩层分析、碳-14放射测年法，加上分子和形态变异的信息数据对始祖鸟（恐龙和鸟类之间的过渡性物种）化石进行时代测定和分析，科学家就能在历史时期中标出它们存在的年代。此外，通过同样的手段分析沉积物组成成分和结构数据，古生物学家还可以通过地球的物理和化学变化，分析某种特定动植物种群的出现、灭绝和过渡性变化。例如，科学家通过对沉积岩层的分析发现物种多样性大幅度下降——特别是非禽类恐龙——和来自死亡的植物及浮游生物的钙沉积物增多，发现了白垩纪—第三纪灭绝事件。

为了分析和研究已发现的化石，要把化石挖掘出来是非常耗时的工作，需要专门的工具和设备。包括镐、铲、镘、拂、锤、钻，甚至是爆破物品。古生物学家在准备挖掘、取出和运输化石的过程中也有一套专业的标准方法。首先把掩埋化石的部分沉积基质清理掉，露出部分化石后给化石标上标签、拍照，上报。然后，利用较大型的工具把化石连同岩石一起挖出，挖掘位置距离化石四周 5 ~ 7.5 厘米，挖出后再次拍照。接着便根据化石的稳定程度用刷子给化石刷上一层特殊的胶水增加化石结构的稳定性，再用纸层层包起，用泡沫包装裹起，用粗麻布卷好，最后才送到实验室里去。

科学家在分析一块欧罗巴龙化石。

化石记录

通过对已挖掘出的化石的研究分析，可以大致拼凑出地球各个地质年代的生物的进化史

12.寒武纪

5.42亿~4.883亿年前

寒武纪是古生代的第一个地质时期，当时大陆沉积岩比例高，因此留下了大量压型化石。在伯吉斯页岩中发现了大量可追溯至寒武纪的化石，其中包括欧巴宾海蝎属，一种拥有五只眼睛的海洋爬行动物。

11.奥陶纪

4.883亿~4.437亿年前

古生代的海平面水位在奥陶纪升到最高，浮游生物、腕足类动物和头足类动物激增。以浮游生物为食的鹦鹉螺是目前已发现的奥陶纪其中一种体型最大的生物。

10.志留纪

4.433亿~4.16亿年前

奥陶纪末、志留纪始发生了一起大规模的物种灭绝事件，志留纪的化石与古生代在此之前的化石有明显区别。生物明显的进化包括出现了有骨头的鱼，以及有可开合的颌骨的生物。

9.泥盆纪

4.16亿~3.592亿年前

泥盆纪对生物进化来说是异常重要的时期，泥盆纪化石显示出鱼的鳍进化成四肢。最早期的陆生生物、四足动物和节肢动物成为陆地霸主，种子植物也开始覆盖干燥的大地。提塔利克鱼属是泥盆纪的一个重要发现。

3.古近纪
6 550万~2 303万年前
古近纪是新生代的第一个纪，随着白垩纪—第三纪灭绝事件导致恐龙灭绝，哺乳动物迅速繁衍并成为地球上的主导生物群。在这时期出土的最重要的化石，是在德国麦塞尔页岩石坑里出土的与狐猴相似的达尔文麦塞尔猴化石。

4.白垩纪
1.455亿~6 550万年前
出土的白垩纪化石显示昆虫爆发性的多样化，不但有最早期的蚂蚁和蚱蜢，还有主宰地球的大型恐龙，像巨大的霸王龙。哺乳动物的种类在白垩纪也大量增多，不过体型依然细小，且以有袋动物为主。

5.侏罗纪
1.996亿~1.455亿年前
从侏罗纪开始，连成一块的泛大陆分裂成北方的劳拉西亚大陆和南方的冈瓦那大陆，海洋生命和陆生生命也在这个地质年代出现爆发性的蓬勃发展。化石显示恐龙在当时成了地球上的霸主，不但陆上有斑龙（又称巨龙）等，水中像鱼龙那样的大型肉食性动物也大量增加，还进化出了最初的鸟类——始祖鸟。

7.二叠纪
2.99亿~2.51亿年前
早期的羊膜动物（卵生无脊椎动物）在二叠纪分化成哺乳类动物、龟、爬行动物和祖龙。在二叠纪出土的化石种类多样，其中包括兽孔目爬行动物、蜻蜓，以及因后期温暖气候而出现的石松纲树木。

8.石炭纪
3.592亿~2.99亿年前
在石炭纪期间有明显的冰川时期，与此同时蕨类植物、针叶树、双壳软体动物和各种各样的四足动物（如迷齿亚纲的两栖动物）空前发展。这时期典型的化石包括种子蕨类植物和羊齿植物。

2.新近纪
2 303万~258.8万年前
新近纪持续了大约2 300万年，这一时期的化石显示出哺乳类和鸟类的标志性发展，出土了大量人族遗骸化石。已灭绝的人科，阿法南方古猿——人属（现代人类）的共同祖先——是这一时期的重大化石发现，有著名的标本"露西"和"塞拉姆"。

1.第四纪
258.8万年前~现在
第四纪是地球历史上最新的一个纪，重大的气候变化以及现代人类的进化与迁移分布是这一纪的重要特征。因为环境与气候的快速变化（如冰河时期），这时期形成了不少大型哺乳动物化石，包括猛犸象和剑齿猫的化石。

6.三叠纪
2.5亿~2亿年前
三叠纪始于一起物种大灭绝事件，绝于另一起物种大灭绝事件。目前已出土的最早期恐龙化石，就源自三叠纪，如一种小型肉食双足恐龙腔骨龙。出土的三叠纪化石还显示从三叠纪开始出现了现代类型的珊瑚和珊瑚礁。

第五章 神奇的动物

动物 王国

我们的族谱比你所以为的要奇怪得多了

主要门类

在动物的王国里有大约35个门类。现在就来看看其中的9个主要门类……

脊索动物门

脊索动物门的动物具有脊索（原生脊柱）。脊椎动物都属于脊索动物门，但在胚胎时期，都只具有脊索，发育过程中才逐渐发展成真正的脊椎。

节肢动物门

拥有外骨骼的动物，身体和足分节。地球上已知属于节肢动物门的动物物种超过100万种，是物种种类最丰富的一个门。

软体动物门

软体动物门的动物具有用以呼吸的外套腔，通常由贝壳包裹。它们的贝壳可以呈螺旋形、折合形，甚至已退化消失——如头足类动物。

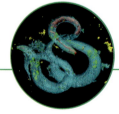

线虫动物门

线虫从细微到需要显微镜才能看清，到几米长的都有。它们具有明显的头部，口腔内有牙齿或刺入其他生物体内所需的注射型口器，体内有简单的肠道结构。

生物分类法

给地球上所有生物物种分组和归类的方法。

域
界
门
纲
目
科
属
种

公元前 4 世纪，哲学家亚里士多德把地球上的生物分为动物和植物两大类。动物的英语单词"animal"源自拉丁文"animalis"，意为"有呼吸的"。动物泛指所有能运动能呼吸的生物，而植物则是静止的那一类。在接下来的 2 000 多年里，生物界就只有这两大类划分。后来人类发明了显微镜，再后来还有电子显微镜，科学家逐渐认识到，单细胞生物既不能被归属为"动物"，也不能被归属为"植物"。细菌和另一类被称为"古菌"的单细胞有机物，现在都分别被归属为不同的界。如此一来，真核生物的进化分支就有动物、植物和菌三个界。真核生物属于真核域，是指体细胞具有细胞核的生物。域的层次比界更高。

各门物种所占比例

- 节肢动物门 83.7%
- 软体动物门 6.8%
- 脊索动物门 3.6%
- 线虫动物门 1.4%
- 扁形动物门 1.4%
- 环节动物门 1.0%
- 刺胞动物门 0.6%
- 棘皮动物门 0.5%
- 多孔动物门 0.3%
- 其他：0.7%

动物界的动物都是多细胞真核生物。它们的细胞都是特化细胞，能发展成不同类型的细胞，组成身体里负责不同功用的身体组织。动物又被进一步划分成"门"，每个门的动物的身体组织结构有着极大差别。如包括海星在内的棘皮动物，都是辐射对称的步管结构，而节肢动物则都有相连的坚固外骨骼结构。所有动物都需要通过进食其他生物来获取能量，也就需要捕捉和消化其他生物，它们解决这个问题的方法是各式各样的。动物主要的门有 9 个，还有其他更多奇形怪状难以划分的生物归属于其他门。而仅仅这主要的 9 个门，就已经包含了现在世界上已知的 99% 的动物种类。一眼看过去，有的门特征很相似。

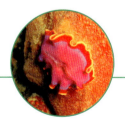

扁形动物门
结构非常简单的扁形动物，无循环系统，无呼吸系统，消化腔只有一个开口，既是口，也是肛门。

环节动物门
环节动物身体有多个环节结构。每一环节都有相同的内脏器官，有的长有帮助它们移动的刚毛。

刺胞动物门
刺胞动物的身体构造是两层细胞夹着中间一层胶质。外层细胞有为了捕捉猎物而特化的刺细胞（cnidocytes）。

棘皮动物门
棘皮动物的外形很特别，身体结构呈辐射对称状——一般是五体对称步管、七体对称步管，甚至更多。棘皮动物的成体表皮覆盖着棘或刺。

多孔动物门
原始且简单的动物，无神经系统，无消化系统，无循环系统。通过水流带着营养物质和废物进出身体的孔实现营养物质的获得和废物的排泄。

身体具有多个环节结构的虫属环节动物门，蛔虫属线虫动物门，扁形虫则属扁形动物门。为什么它们不能被简单地归类为蠕虫？只要看看它们的身体结构便能知道原因。扁形虫的身体是左右对称的，消化系统像袜子一样，只有唯一一个开口。蛔虫具有径向对称的头部和管状消化系统，消化管道两端各有一个开口。至于环节动物体内构造则更为复杂，身体由多个重复的环节构成，内有不同的内脏系统。这三种动物之间的差别比它们之间的关联多得多，也明显得多。而"蠕虫"一名，只不过意味着身体长扁且无足而已，这特征同样适用于蛇，但蛇却显然不是蠕虫。

蛇是脊椎动物。但奇怪的是，脊椎动物并未被单独列为一门，而是被列入了脊索动物门里。那是因为脊椎本身并不是区分动物的最重要特征，最重要的特征其实是由椎骨保护的与身同长的神经索。有些结构简单的形状像鱼的生物，有神经索却无骨

动物树状图

目前科学界使用的生物学名命名法是由瑞典博物学家卡尔·林奈乌斯设计的

读懂树状图

树状图的根部，代表着祖传谱系，从上往下，是从最原始的一直到现代的。

从根部到分支的末支，代表着动物从最原始的物种进化到现代物种。

每一个开端是所有组成生物的共同的祖先。

骼结构的脊椎。我们复杂的神经系统，就是由神经索进化而来的。神经索是如此重要的一个特征，所有拥有神经索的动物都被归入脊索动物门。然而，脊索动物门里有97%的动物是无脊椎动物。而脊椎动物——包括我们人类在内——只是脊索动物门里的一个亚门。

那么，哪一个动物门才是规模最大的动物门呢？那就得看你怎么去数了。纯粹就动物的个体数量来讲，线虫动物门绝对是数目最多的。但它们体积是如此细小，每平方米的土壤里就有上百万条线虫了！这么数算不上公平。生物学家倾向于以每个动物门里所含物种多少为标准。这种方法也能看出，哪种身体构造最能适应不同环境。以这种标准来看的话，目前遥遥领先的是节肢动物门。在已知动物物种里，有84%属于节肢动物门，而当中大部分又属于昆虫纲。但这个标准又在某程度上带有误导的数据，毕竟尚待发现和分门别类的物种还有很多。

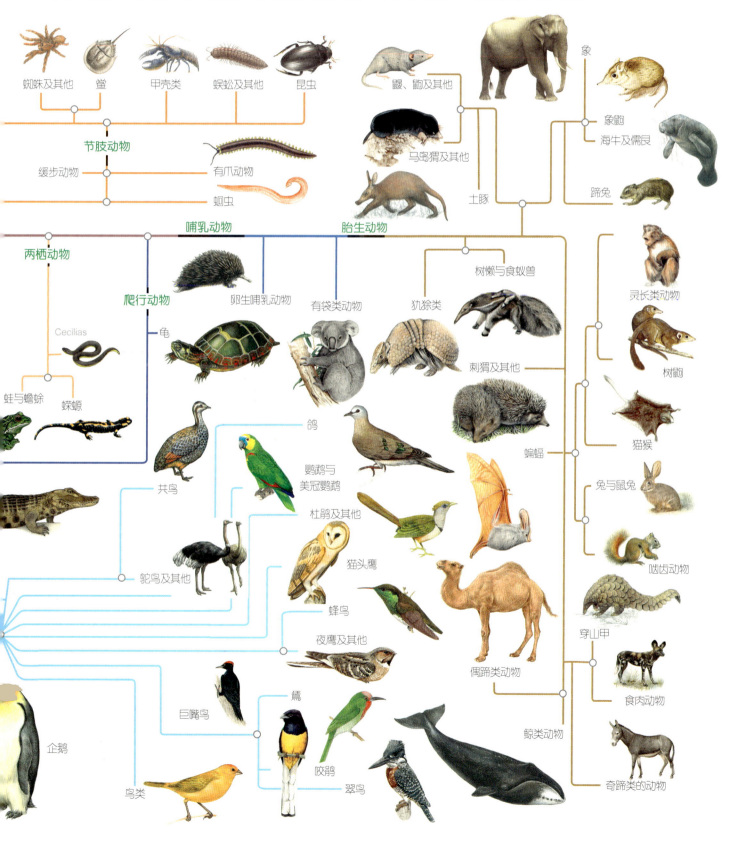

昆虫易捕，好保存，要看清楚它们的特征，所需要的最复杂工具也不过是个放大镜。而要看清大部分线虫，则需要复杂得多的显微镜，尽管目前发现的线虫有成千上万种，但它们从外表看来都极为相似，未被人类发现和命名的线虫可能有百万种之多。若真如此，那线虫动物在种类上就与节肢动物大致相当了。

目前科学界使用的生物学名命名法是由瑞典博物学家卡尔·林奈乌斯（受封贵族后叫卡尔·林奈）设计的。他给每一种动植物所起的用以区分不同物种的名字，都是由两部分组成，包括属和种，就像人的姓和名，属在前，种在后。黑猩猩是黑猩猩属（*Pan*）类人猿种（*troglodytes*），所以黑猩猩的学名就是 *Pan troglodytes*，印刷上通常以斜体标出，属的首写字母大写。而倭黑猩猩则是同属不同种，学名为 *Pan paniscus*。

在生物分类法里，属的上一级是科，再往上分别是目、纲、门。所以，以单峰骆驼为例，它属于动物域、脊索动物门、哺乳纲、偶蹄目、骆驼科、骆驼属、单峰骆驼种。只需要种的名称，我们便能知道在讲的是自然界里哪一种生物，种以上的分类，只是为了体现不同动物之间的进化关系。在英语里，属的名称通常以缩写取代，尤其当属的单词比较长的时候。所以埃希氏大肠杆菌的英文 *Escherichia coli* 就被缩写为 *E coli* 了。

整体来说，某一动物在动物域内被如何划分，能反映出该动物与其他属于同一分类的动物之间的关系有多密切。但万事总有些例外。鸟与鳄鱼的关系，其实比鳄鱼和蛇关系要密切，然而，鳄鱼与蛇同样属于爬行纲，鸟却有它们自己的纲——鸟纲。这是因为不同的鸟都有许多共同的身体特征，使它们看起来更像是同一类，而爬虫纲其实只是把那些不属于鸟纲、哺乳纲或两栖纲，却拥有相近表面身体特征的脊椎动物全都囊括进来的一个纲。

种则是一个更基本的划分。同一个物种的动物，是指可以交配繁育出健康后代的动物。你可以让一头狮子和一头老虎交配生出（下接 140 页）

无脊椎动物解剖图

这些因为没有脊椎而被划归一类的动物到底是怎样的？

昆虫

门：节肢动物门
该门还包括：
蜘蛛、蝎子、蜈蚣、千足虫、甲壳类动物
基本信息：昆虫是地球上品种最繁多的动物。地球上已知动物物种里，昆虫占了 90%。昆虫身体分为三节，有三对腿，其中一对或两对腿位于中间一节。昆虫全身由防水且坚硬的外骨骼包裹，这层外骨骼结构同时还为它们的肌肉提供连接点。昆虫的幼虫通常是水栖的，但没几种能活在盐水里。

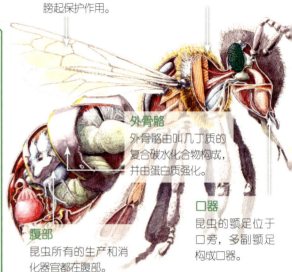

翅膀
部分昆虫的一对翅膀起保护作用。

毛发
这些敏感度极高的绒毛让昆虫在坚硬的外骨骼结构包裹下也能拥有触感。

外骨骼
外骨骼由叫几丁质的复合碳水化合物构成，并由蛋白质强化。

口器
昆虫的颚足位于口旁，多副颚足构成口器。

腹部
昆虫所有的生产和消化器官都在腹部。

海绵动物

门：多孔动物门
该门还包括：
钙质海绵、玻璃海绵
基本信息：大部分海绵生物属于寻常海绵纲。虽然海绵拥有不同类型的细胞，但细胞结构非常松散。有趣的是，如果你用一个筛子把海绵滤过，它们掉下来后还是会恢复为一只海绵。大部分海绵利用共生细菌进行光合作用，不过也有少数海绵以浮游生物甚至小虾为食。

腹足动物

门：软体动物门
该门还包括：
蛤蚌、蛏、牡蛎、乌贼、章鱼
基本信息：腹足动物有蛞蝓、蜗牛和帽贝。蜗牛有螺旋状的外壳，这个外壳大得足以让它们完全缩进去，既能让它们保持身体水分，也能保护它们不被吃掉。它们用锯齿状的微小牙齿（齿舌）进食藻类和植物。海螺在嘴里分泌的酸液的配合下，齿舌能钻穿其他软体动物的贝壳。

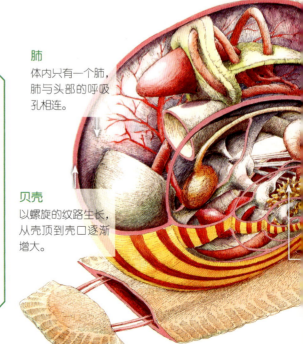

肺
体内只有一个肺，肺与头部的呼吸孔相连。

贝壳
以螺旋的纹路生长，从壳顶到壳口逐渐增大。

海星

门：棘皮动物门
该门还包括：
海蛇尾、海胆、海百合、海参
基本信息：大部分的海星都有5只腕足，但也有的科的腕足数是5的倍数，甚至多达50只腕足，还有少数几个科有7只腕足。它们进食时把胃从体内翻出来，挤入软体动物的壳内。排列在每个腕足上的管足由液压控制，让海星可以在海床上缓慢地移动，而且这种有吸力的管足可以使劲把软体动物的壳拉开。

"海星进食时把胃从体内翻出来"

心脏
给中央盘泵血，往全身输送养分。

管足
大量液压管既是海星的皮鳃，又是它们的足。

眼点
在每一只腕足末端有一个原始的感光点。

胃
海星的胃位于中央盘口部后侧，分两个。

内骨骼
碳酸钙棘状突起覆盖海星全身，起到保护作用。

关键人物

查尔斯·达尔文
国籍：英国
职业：博物学家
年代：1809—1882
基本信息：证明了现存的所有物种都属于同一个族谱。还证明新物种都是由共同的祖先物种进化而来。自然选择是决定物种生存还是灭绝的决定性因素。

蛔虫

门：线形动物门
该门还包括：
只有各种蛔虫
基本信息：蛔虫的身体窄小，身体双侧对称，头部径向对称。它们的消化系统两端各有一开口，还有阀一样的组织，在蛔虫蠕动时把肠道里的食物往下推送。

绦虫

门：扁形动物门
该门还包括：
吸虫、扁形虫
基本信息：绦虫是寄生于脊椎动物肠道内的寄生虫。它们没有消化系统，雌雄同体，通过宿主吸收养分，通过将受精卵的妊娠节片脱落到宿主的粪便里进行繁殖。

珊瑚虫

门：刺胞动物门
该门还包括：
水母、海黄蜂、淡水水螅
基本信息：珊瑚虫和海葵都属于珊瑚虫纲。幼虫时期与水母相似，但幼虫一旦附于一块石头上，就永远地附在上面了。成虫的消化系统只有一个口，周围围着许多小触手，这些触手通常都是色彩斑斓的。触手上布满了刺细胞，叫刺丝囊，用于捕捉浮游生物。构成珊瑚礁的珊瑚虫体内还有大量共生的藻类，帮助它们分泌碳酸钙，形成具有保护性的碳酸钙骨骼，这个骨骼也形成了珊瑚礁这个生物多样性的栖息地。

环节动物

门：环带纲动物
该门还包括：
海沙蠋、沙虫
基本信息：普通的蚯蚓也属于环节动物门环带纲。它们身体有很多体节，体内还有内部分隔层。肠、循环系统和神经系统贯穿全身，但其他器官则每一体节都有。

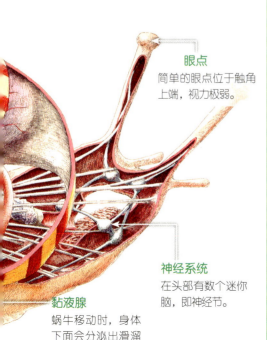

眼点
简单的眼点位于触角上端，视力极弱。

神经系统
在头部有数个迷你脑，即神经节。

黏液腺
蜗牛移动时，身体下面会分泌出滑溜溜的多糖物质。

脊椎动物生物学

看看有骨干的动物都有什么共同特点。

"地理隔离，就会出现异域性物种形成"

一头狮虎兽，可狮与虎杂交诞下的后代基本上都是没有生殖能力的，因为狮与虎分别属于不同的物种（物种学名分别为 Panthera leo 和 Ptrigris）。

查尔斯·达尔文洞察到很重要的一点，那就是当现有的物种群体一分为二并停止相互间的交配繁衍后，就会有新物种诞生。导致新物种出现，主要有两个方式。地理隔离，就会出现异域性物种形成。比如科隆群岛，尽管岛与岛之间的距离并不算遥远，在强风暴的情况下，鸟飞行时被吹离路线亦可抵达附近的岛屿，但这距离也足够分隔两个岛上的鸟群，让它们之间无法进行稳定的交配繁衍。

久而久之，因随机的基因突变被一代又一代遗传下来，加上各个岛屿独特环境导致的自然选择，同一物种在进化过程中就会向着完全不一样的方向发展。达尔文发现，每个小岛上都有其独特的嘲鸫品种，它们是从一个品种进化出来的四个新物种。相似的例子还有黑猩猩和倭黑星星，它们是在大约200万年前刚果河将它们的共同祖先猿分隔在河两岸后发展出来的品种。

与异域性物种形成相反的，就是同域性物种形成，也就是尽管处于同一地域，一个物种进化成两种不会互相交配繁衍的物种。其中一个例子便是美洲苹果实蝇（学术名为 Rhagoletis pomonella，虽说是蛆蝇，但它们的幼虫一开始是以山楂浆果为食的。在大约200年前苹果被引进美洲后，部分蝇把卵产在苹果树上。雌性一般会在自己成长的果上产卵，而雄性则会与它们成长的那颗果旁边的果上的蝇交配。这就意味着，尽管山楂与苹果实蝇在地域上是可实现交配繁衍的，但这两个物种在实际上却不会交配繁衍。在这200年间，随着两个物种的基因发生异变，最终演变成两个不同的物种。

正是异域性物种形成和同域性物种形成，让单个的细胞逐步进化成如今地球上的每一种生物物种。

鱼

门：脊索动物门

基本信息：大部分鱼都属于硬骨鱼纲的辐鳍鱼亚纲，都是硬骨的条鳍鱼。鱼的其他主要分类还有软骨鱼纲，里面包括鲨总目、鳐总目、鲼形鱼目。硬骨鱼纲和软骨鱼纲的关系，没有鸟和爬行动物之间的关系密切。硬骨鱼纲的鱼有钙化的骨骼、鳔，皮肤上还有鳞片。而软骨鱼纲的鲨鱼外表看起来与硬骨鱼纲的鱼极为相似，但它们的身体构造与硬骨鱼却有着很大区别，我们一起来看图。

软骨 因为没有碳酸钙，软骨鱼纲的鱼的骨头不但有一定柔韧性，而且重量只是硬骨鱼骨头重量的一半。

肝 肝里所含角鲨烯油代替鳔维持浮力。

螺旋瓣 通过螺旋形状增加表面积，弥补肠道短的不足。

没有肋骨 鲨鱼利用水的浮力承托身体。

爬行动物

门：脊索动物门

基本信息：虽然有的是生活在水里，但大致来说，爬行动物是在陆地上产卵、呼吸着空气的脊椎动物。它们的皮肤表面有鳞片，虽然或许有一些史前爬行动物是温血动物，但现代爬行动物都是冷血动物。爬行纲动物统称爬行动物，但它们没有固定的特征，是一些既不属于哺乳动物又不属于鸟类的卵生脊椎动物的物种统称。

两栖动物

门：脊索动物门

基本信息：两栖动物是最先出现在陆地上的脊椎动物。它们依然在水里产卵，大部分两栖动物幼虫时期生活在水里。成年的两栖动物用肺呼吸，同时也能在水里利用皮肤呼吸。它们是冷血动物，需要时刻保持皮肤湿润度。两栖动物的牙齿要么很小，要么甚至没有牙齿，不过它们通常会有一条肌肉发达又巨大的舌头，用以捕捉猎物。

难以归类的动物

鸭嘴兽卵生，还有鸭嘴和带蹼的脚，但同时它们又有乳腺和毛皮。它们到底是鸟类还是哺乳动物类？其实鸭嘴兽属于单孔目动物，曾被划分为脊索动物门下的一个亚纲，那个亚纲与哺乳纲同一级别。如今分类学家把它们划入哺乳纲下的一个目。另一种难以被分类的动物是栉蚕，外貌看似毛虫，但其实与蚯蚓的共同点更多。栉蚕是环节动物进化到节肢动物过程中进化中断遗留下来的物种，因此也很难确定到底该把栉蚕列入哪一个门下。肺鱼也一样，是硬骨鱼进化到两栖动物过程中进化中断的结果。但情况最糟的要数用显微镜才能看到的黏体动物了，它们被划分得乱七八糟，原生动物、蠕虫、水母，各种各样——然而它们看起来跟上述动物没有一个像！

鸟

门：脊索动物门
基本信息：鸟是脊椎动物，它们有羽毛和喙，无牙。它们产下的卵有坚硬的钙质外壳，与爬行动物皮质的羊膜卵有所区别。大部分鸟类能飞行，而且鸟的特征基本都是为了适应飞行而具备的。它们的呼吸系统也相当复杂，骨头里面有气囊和腔室，让它们能在呼吸的时候为肺部注入空气。

骨骼重量轻
骨头的空腔与肺相连。

羽毛
质量轻且交错的角蛋白丝构成翼形。

大胸骨
发达的龙骨突为翅膀肌肉提供了强有力的附着点。

无膀胱
为了减轻体重，含氮的废物浓缩成尿酸直接排出体外。

气囊
在鸟呼吸的时候作为空气的储藏室，像风笛一样。

哺乳动物

门：脊索动物门
基本信息：哺乳动物身体有毛发，雌性以母乳喂养幼崽。大部分哺乳动物通过长在子宫外的胎盘给胎儿提供营养。单孔目动物是一类原始的哺乳动物，包括鸭嘴兽和针鼹鼠，它们是卵生动物，但它们的卵在母体内也需要较长时间才能发育成熟，通过母体吸取营养。

新皮层
哺乳动物的大脑有独特的皱褶系统，叫新皮层。

中耳
中耳内有三块听小骨是哺乳动物独有的特征。

肺
较大的肺部为温血动物新陈代谢提供氧气。

颈椎
几乎所有哺乳动物（即使是长颈鹿）也只有7节颈椎骨。

四肢五指/趾
哺乳动物在四肢末端都有五指/趾。

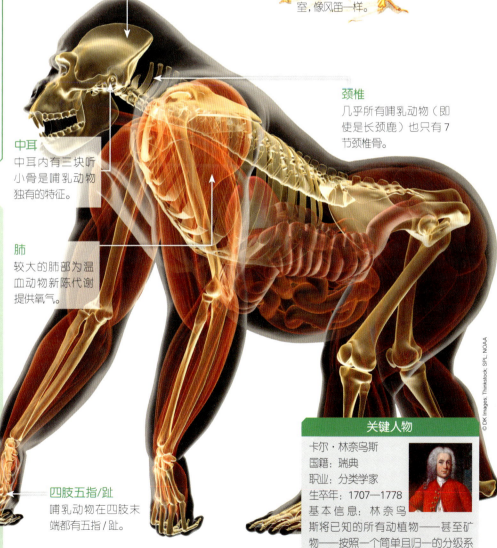

分子族谱

一个好的分类系统，分类并非依据动物外表的相似，而是进化过程中的关系。最佳方法是对比动物的DNA。所有动物细胞都具有叫线粒体的细胞器，里面含有动物的DNA。假设线粒体内的DNA在进化过程中只会在随机异变的情况下才会发生改变，那我们就可以利用这些在漫漫进化过程中的异变，制作一份族谱。分子系统发育学就是对比不同动物物种之间DNA的区别，并把DNA相近的物种进行归类的科学根据。当然，这也不是一个完美的分类系统，因为这个分类法的基础建立在一定程度上对异变率进行推测，而且我们现在知道，线粒体还可以通过其他渠道通过水平基因转移获得新的DNA。

关键人物

卡尔·林奈乌斯
国籍：瑞典
职业：分类学家
生卒年：1707—1778
基本信息：林奈乌斯将已知的所有动植物——甚至矿物——按照一个简单且归一的分级系统进行分类，使得辨认动植物的品种变得更直截了当。

鱼 为什么会有鳞片？

我们一起探究这种滑溜溜的东西

要在水里生活，形态结构就必须与环境相适应。其中一种适应的生物形态就是鳞片——让鱼既能活动顺畅，又能抵挡寄生虫入侵，还能防刮损和方便从捕食者口下逃生的坚实耐磨的片块。

鱼有多种鳞片，这取决于进化的不同。比如，鲨鱼和鳐鱼有盾鳞，而鲟鱼和匙吻鲟则有硬鳞。每一片鳞的类型都是为了适应该鱼种的生活方式和生活环境。鱼身上所有鳞片都顺着同一个方向生长，往尾部逐渐缩小，让鱼身保持流线型。鳞片更大更厚重的鱼，像亚马孙流域的巨骨舌鱼，能通过鳞片获得更多的保护，但同时行动也受到鳞片的限制，相反，鳞片越小，甚至要用显微镜才能看清鱼鳞的鱼拥有更大的灵活度，却没有保护性的外盔甲。

鳞片也有不同的类别，有的固定在鱼身里与鱼骨相连，有的就插在皮肤的槽里。有的鳞片会随着鱼身生长而生长，也就意味着这种鳞片在鱼的一生当中数目不变，但有的鳞片会增加或替换。不少种类的鱼在身体不同部位长着不同类型的鳞片。

鳞片化石
鳞片鱼是侏罗纪时期一种已经灭绝的鳍状鳍鱼。这里有巨大的椭圆形鳞片的化石残骸。

了解鳞片

了解不同类型的鳞片和它们的用途

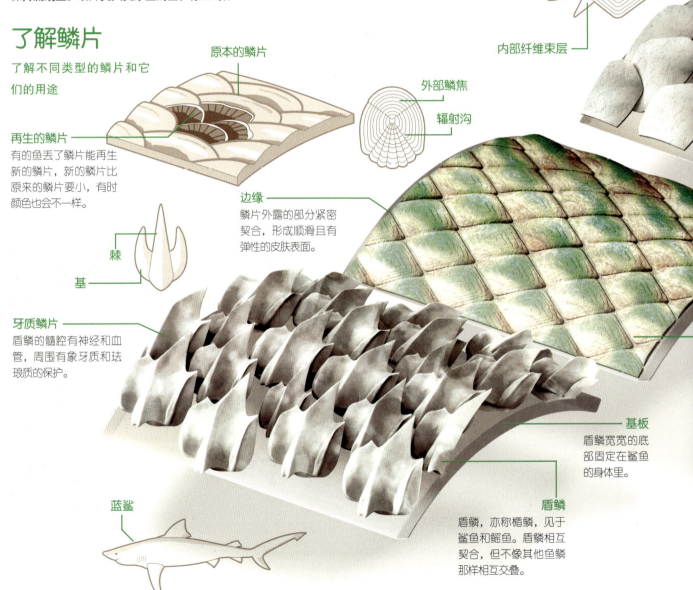

原本的鳞片

外部鳞焦

辐射沟

再生的鳞片
有的鱼丢了鳞片能再生新的鳞片，新的鳞片比原来的鳞片要小，有时颜色也会不一样。

边缘
鳞片外露的部分紧密契合，形成顺滑且有弹性的皮肤表面。

菱形骨板

内部纤维束层

棘

基

牙质鳞片
盾鳞的髓腔有神经和血管，周围有象牙质和珐琅质的保护。

基板
盾鳞宽宽的底部固定在鲨鱼的身体里。

盾鳞
盾鳞，亦称楯鳞，见于鲨鱼和鳐鱼。盾鳞相互契合，但不像其他鱼鳞那样相互交叠。

蓝鲨

"鱼身上所有鳞片都顺着同一个方向生长，让鱼身保持流线型"

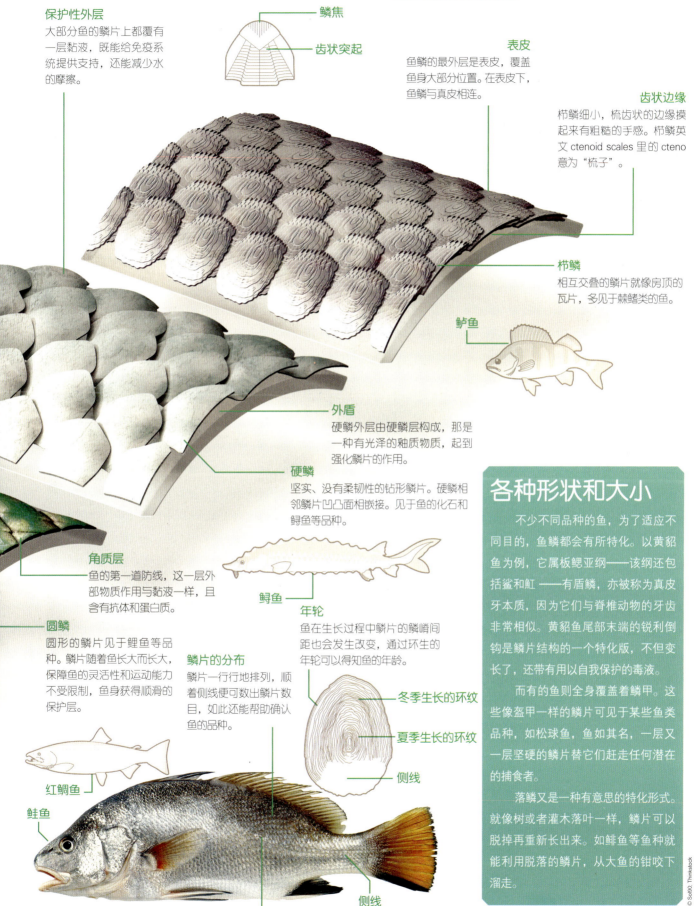

保护性外层
大部分鱼的鳞片上都覆有一层黏液，既能给免疫系统提供支持，还能减少水的摩擦。

鳞焦

齿状突起

表皮
鱼鳞的最外层是表皮，覆盖鱼身大部分位置。在表皮下，鱼鳞与真皮相连。

齿状边缘
栉鳞细小，梳齿状的边缘摸起来有粗糙的手感。栉鳞英文 ctenoid scales 里的 cteno 意为"梳子"。

栉鳞
相互交叠的鳞片就像房顶的瓦片，多见于棘鳍类的鱼。

鲈鱼

外盾
硬鳞外层由硬鳞层构成，那是一种有光泽的釉质物质，起到强化鳞片的作用。

硬鳞
坚实、没有柔韧性的钻形鳞片。硬鳞相邻鳞片凹凸面相嵌接。见于鱼的化石和鲟鱼等品种。

角质层
鱼的第一道防线，这一层外部物质作用与黏液一样，且含有抗体和蛋白质。

鲟鱼

圆鳞
圆形的鳞片见于鲤鱼等品种。鳞片随着鱼长大而长大，保障鱼的灵活性和运动能力不受限制，鱼身获得顺滑的保护层。

年轮
鱼在生长过程中鳞片的鳞嵴间距也会发生改变，通过环生的年轮可以得知鱼的年龄。

鳞片的分布
鳞片一行行地排列，顺着侧线便可数出鳞片数目，如此还能帮助确认鱼的品种。

冬季生长的环纹

夏季生长的环纹

侧线

红鲷鱼

鲱鱼

横线

侧线

各种形状和大小

不少不同品种的鱼，为了适应不同目的，鱼鳞都会有所特化。以黄貂鱼为例，它属板鳃亚纲——该纲还包括鲨和魟——有盾鳞，亦被称为真皮牙本质，因为它们与脊椎动物的牙齿非常相似。黄貂鱼尾部末端的锐利倒钩是鳞片结构的一个特化版，不但变长了，还带有用以自我保护的毒液。

而有的鱼则全身覆盖着鳞甲。这些像盔甲一样的鳞片可见于某些鱼类品种，如松球鱼，鱼如其名，一层又一层坚硬的鳞片替它们赶走任何潜在的捕食者。

落鳞又是一种有意思的特化形式。就像树或者灌木落叶一样，鳞片可以脱掉再重新长出来。如鲱鱼等鱼种就能利用脱落的鳞片，从大鱼的钳咬下溜走。

大猫 出击

强壮的肌肉、伪装性的毛皮和尖锐的牙齿,难怪它们都是一等一的猎手

大型猫科动物，都是惊人的肌肉和力量，加上敏锐感官和杀手本能的完美集合体。真正意义上的大猫，是豹属的四个体型最大的品种：狮、虎、美洲豹（亦称美洲虎）和豹。不过还有其他不少猫亚科的大型猫科动物，同样有着了不起的狩猎能力，其中的佼佼者，有威风八面的猎豹。

猎豹主要生活在非洲撒哈拉以南，流线型的体态让它们在追捕猎物时跑起来快如闪电。猎豹拥有特殊的肌肉纤维控制纤长的四肢，脸上两道黑色"泪线"有利于吸收非洲刺眼的光线，而皮毛上的斑点则是它们藏身于长草里的最好伪装。

尽管豹（栖息地与猎豹有所重叠）和猎豹身上的斑点乍一看上去非常相似，但细看便会发现差别极大。猎豹的斑点只是黑色的椭圆小点，而豹的斑点则更为精致，呈黑色和棕色的环状。猎豹的斑点与树叶投下的阴影极为相似，使得它们可不费吹灰之力便隐身其中。若是有一头猎豹一声不响地尾随你，等你发现，就为时已晚了！

豹的栖息地比猎豹广阔，覆盖非洲和亚洲的树林、沙漠、山脉和草原。

我们重新把目光投向非洲大草原，那里是狮群雄霸一方的天地。胆子一旦壮起来，它们甚至能干掉陆地上体型最大的动物——象！狮子之所以那么所向披靡，是因为它们是集体出动的。整个狮群分工协作，围追堵截，以多数压制少数，狮子能猎杀体型比它们大得多的动物。据悉狮子群体合作狩猎的能力归功于高度发达的额叶——负责解决问题和协调社会行为的大脑部位。母狮在协作上表现尤为突出，它们是狮群里狩猎的主力军。大猫里智商最高的宝座非狮子莫属。不过这宝座的竞争也是异常激烈的。

至于猫科里体型最大的老虎，"最高狩猎者"的称号当之无愧。它们出没于东南亚、中国到远东地区的俄罗斯山脉里的沼泽、草原和雨林。这些身体布满黑色环纹的重量级狩猎者都是独行侠，利用身体保护色与环境融为一体，悄无声息地追踪猎物，再出其不意地出击。

下面将会介绍这些凶猛大猫的皮毛特点，以及大猫出击的相关生理学。

> "狮子甚至能干掉
> 陆地上体型最大的动物——象！"

大猫餐单
每种大猫的口味都有所区别

狮
"万兽之王"基本上不挑食，捕到什么吃什么。但因为它们生活在非洲撒哈拉沙漠以南的草原上，所以主要以附近动物为食。与其他所有大猫一样，狮子需要高蛋白纯肉餐单。
角马、斑马、长颈鹿、非洲水牛、羚羊

豹
豹是独行侠，主要捕猎体型较小的有蹄动物，但如果食物紧缺，它们也会捕食猴子和其他小动物。总的来说，体型较小的猎物对于单枪匹马的猎手来说是相对容易的目标，要拖到树上慢慢享用也没那么费劲。
黑斑羚、山羊、猴子、啮齿动物

虎
大猫当中体型最大的老虎需要吃大量的肉。它们最爱的猎物品种取决于它们的栖息地，但主要以能满足老虎高蛋白、高脂肪需求的大型哺乳动物为主。但食物紧缺时，不管是鱼还是啮齿动物，老虎都照吃不误。
野猪、鹿、羚羊、水牛

美洲豹
美洲豹从来不畏惧挑战，饮食也非常多样化。它们凭借惊人的狩猎能力猎杀到深居丛林的哺乳动物，再加上它们不惧怕涉水，水生动物也成了餐单上的选择。
野猪、水豚、貘、龟

猎豹
严格来说猎豹并非豹属的猫科动物，但它们同样让人畏惧。速度和力量是它们猎杀有蹄类动物的保障，但像野兔甚至鸟等小型动物同样是它们的食物来源。
瞪羚、黑斑羚、野兔、疣猪

速度制胜 对于某些品种的大猫来说，速度就是制胜关键

非洲大草原上狮子在一群黑斑羚中优哉游哉地走着，黑斑羚也不急着逃命，而是自顾自地吃着草。看到这种画面，你会好奇：黑斑羚为什么不逃呢？因为黑斑羚心里清楚，一只把自己暴露在显眼位置的狮子跑起来不是它们的对手，它们能轻松逃掉。狮子也清楚这一点，所以不会轻易尝试追捕，白白浪费体力。但对于其他大猫来说，速度意味着一切。豹通常会尾随猎物，接近到攻击距离之内，才以迅雷不及掩耳之势出击。老虎也是在攻击范围内才会冲向猎物，利索地一跃而上，把猎物扑倒。杀对方个措手不及才是关键！

但要说到这些运动健将当中的佼佼者，当数猎豹无疑。猎豹能进行长距离冲刺，且加速极快，据所录得的数据，猎豹能在仅仅2秒内从静止加速到时速75千米，一口气能跑4千米。然而它们全速奔跑的距离只有400～800米，因此它们每一次狩猎都必须谨慎计划。它们会埋伏在捕猎对象的下风位（这样便不用担心自身气味随风飘散而暴露位置），然后以闪电般的速度瞬间发起攻击。若时间把握准确，将能成功追上猎物继而杀之。

猎豹身体构造

猎豹能爆发出闪电般的速度，是因为它们有为了高速奔跑而进化出来的独特身体构造

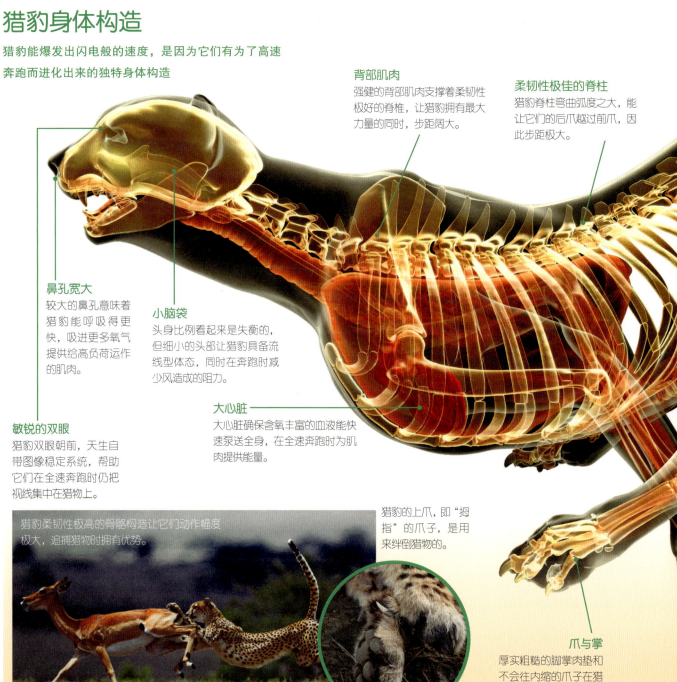

背部肌肉
强健的背部肌肉支撑着柔韧性极好的脊椎，让猎豹拥有最大力量的同时，步距阔大。

柔韧性极佳的脊柱
猎豹脊柱弯曲弧度之大，能让它们的后爪越过前爪，因此步距极大。

鼻孔宽大
较大的鼻孔意味着猎豹能呼吸得更快，吸进更多氧气提供给高负荷运作的肌肉。

小脑袋
头身比例看起来是失衡的，但细小的头部让猎豹具备流线型体态，同时在奔跑时减少风造成的阻力。

大心脏
大心脏确保含氧丰富的血液能快速泵送全身，在全速奔跑时为肌肉提供能量。

敏锐的双眼
猎豹双眼朝前，天生自带图像稳定系统，帮助它们在全速奔跑时仍把视线集中在猎物上。

猎豹柔韧性极高的骨骼构造让它们动作幅度极大，追捕猎物时拥有优势。

猎豹的上爪，即"拇指"的爪子，是用来绊倒猎物的。

爪与掌
厚实粗糙的脚掌肉垫和不会往内缩的爪子在猎豹开始加速奔跑时提供很强的抓握力。

为何猎豹不咆哮

只有在动物分类上属于真正意义上的大猫，也就是豹属（狮、虎、豹和美洲豹），才会从喉咙深处发出低沉的咆哮声。这是因为猫科豹属动物声带结构里的舌骨具有一定的灵活性。舌骨上连着一根可伸缩的韧带，形成一条发声通道，韧带牵拉得越长，发出的声音越低沉。

而猎豹，还有其他像美洲豹等体型"较小"的猫科动物，声带解剖结构与家猫更为接近，它们的舌骨已经完全骨化，也就意味着它们无法发出咆哮声。但声带变成了一个固定的骨骼结构，却能让它们发出咕噜咕噜的声音——这是猫科豹属动物没法发出的声音。可这里也有一个有趣的例外，雪豹。尽管雪豹是猫科豹属，有可活动的舌骨，但这种大猫既不咆哮，也不咕噜，而是发出噗噗噗的喷气声！

猎豹彼此间呼叫时发出的声音，要么是高音调的啾啾声，要么就是低沉的噗噗噗喷气声。

快缩肌纤维
这里的肌纤维能在极短时间内收缩，让猎豹拥有强悍的爆发力，只不过也累得快。

多亏了那条长长的尾巴，猎豹可以在高速奔跑时来个急转弯。

低重量骨骼
身体重量轻就意味着猎豹能跑得更远更快。

"只有在动物分类上属于真正意义上的大猫，才会从喉咙深处发出低沉的咆哮声"

长长的尾巴
长长的尾巴既能帮猎豹保持身体平衡，还能控制方向，让它们在高速奔跑时瞬间来个急转弯。

大猫速度表
其他凶猛的大猫最快时速有多少

60千米/小时
豹极善爬树的那四条又长又壮的腿还能在奔跑时短时间内加速

59千米/小时
当有其他狮子在附近埋伏协作时，这个速度足够一头狮子追上奔跑中的角马了

56千米/小时
最大型的猫科动物——老虎，能进行短距离爆发性冲刺跑

80千米/小时
美洲豹全速奔跑的速度还是比不上猎豹，但已经是一大猫之下、众大猫之上了

94千米/小时
猎豹是陆地上奔跑速度最快的动物

狩猎战术

每一位狩猎者都要淋漓尽致地发挥体能，再配合不同战术，才能捕到猎物

在追捕体型庞大的猎物时，如水牛、斑马和长颈鹿等，狮子不但会凭借自己庞大的体型和压制性的力量取胜，还会以多数压制少数。它们既懂得埋伏追踪，也会集体发起进攻，全方位突袭猎物，让猎物惊慌失措。但狮子有时也会从鬣狗和猎豹等其他捕猎动物那里偷人家的猎物。

除了狮子外，其他大猫都是独行侠，各有各的狩猎战术，需要更精密的策略。猎豹调动专为捕猎而设的身体各部位，在眨眼间爆发出惊人的冲刺速度，利用速度配合精准的感官，瞬间朝猎物扑压过去，再利用上爪把猎物绊倒在地。

老虎身上的花纹伪装性极佳，能让它像隐身了一样潜伏在丛林中不被发现。它调动敏锐的感官，小心翼翼跟踪，耐心拉近彼此距离，差不多了才发起攻击——在距离猎物大约6米处一跃而上！只要这只大猫亮出了锋如利刃的虎爪，在它视线范围内被锁定的猎物没有几个能逃出生天的！老虎甚至还能在水里捕猎。一旦扑压过去，便利用庞大的身躯压制猎物。

雪豹是天生的伏击者，极善于利用四周岩石众多的山区地势，因地制宜。它们通常会悄无声息地在悬崖边上接近猎物，再突然从上方压制下来。

豹和美洲豹的狩猎策略相似，喜欢在黑暗的环境里锁定目标。豹有绝佳的夜视能力，大约是人类夜视力的7倍。它们利用异常灵敏的爪子感受周边地面环境，确保不会误踩地面上的树叶枝桠发出声响暴露自己埋伏的位置。只要在电光火石之间往猎物身上一扑，狠狠一咬，一顿饱餐便有着落了。不过鉴于它们还有爬树的习惯，这两种大猫还会采取"天降神兵"的策略。豹和美洲豹更不怕游泳，只要能保障饱餐，它们不介意湿身一搏；又或者根本懒得伤脑筋，省时省力地直接偷来人家的猎物享用。

狮群生活

狮群里每一位成员都有其担当的角色，确保狮群里每一头狮子的家庭生活都能获得保障

年轻雄狮
年轻雄狮一旦成年就会被逐出狮群，在它们能独当一面有自己的狮群之前，常结伴而行。

雌狮
一个狮群里有大约12头雌狮，它们大都有血缘关系。

离群
当一头雄狮或雌狮受了伤，或是年纪衰老，不再能担当它们在狮群里的角色时，就会被驱逐出狮群。

大群体的安全感
狮子在辽阔的大草原上生活，一旦捕捉到什么猎物，可是很显眼的。狮群必须通力合作才能防止猎物被大草原上的其他食腐动物抢走。

尊卑有序
捕杀到猎物后，通常雄狮先进食，然后是雌狮，最后才是幼狮。

> "大猫们敏锐的感官还能让它们对周围环境异常敏感"

幼猫狩猎学堂

第一课：吃或被吃！幼崽们成为出色猎手的学习之路。

狮
打着玩是学习的重要一部分。在把幼狮带上真实狩猎场实战之前，狮群里的成年狮子会鼓励幼狮们相互扑打和跟踪。

虎
幼虎长到18个月大，就已经是出色的猎手了。它们从小就通过观察虎妈的行为进行学习，还得通过虎妈给它们的一连串考验。

豹
母豹会教给幼崽一系列狩猎关键技巧，包括如何按倒猎物，以及如何精准地钳制猎物喉部。

雌狮是狮群里的主要猎手

"狮群集体发起进攻，全方位突袭猎物，让猎物惊慌失措"

协作狩猎
雌狮在狩猎过程中通力合作，这样省时又省力。

雄狮
雄狮负责捍卫地盘，将入侵者和有可能成为它竞争对手的狮子驱逐，保护自己狮群里的母狮。

雄性挑战者
为了争夺雌狮和地盘，雄狮有可能受到其他雄狮的挑战，强者为胜，胜者为王。

团队合作是关键，狮子能扑倒比它们体型大得多的动物，正是因为它们密切合作。

隐形的大猫

对大多数大猫来说，它们最强有力的武器，是它们能隐身于周围环境的能力。可是，一只身长 2 米、重 250 千克的孟加拉虎要用如此庞大的身躯无声无息地靠近猎物，距离近得足以使它一跃而上发出致命一击，它是如何做到的？秘诀就在于它敏捷的动作、条纹伪装色和选择在猎物下风位埋伏。要是我们穿着一身橘红与黑色的条纹衫跑上街，那肯定花哨得扎眼，可老虎披着这一身花纹，却让它们完美地融入草地和丛林的环境里。

其他大猫也一样——豹、美洲豹，甚至狮子，身上都有精致的花纹帮它们融入周围环境。大猫们敏锐的感官还能让它们对周围环境异常敏感。大猫们近处埋伏，静待时机一扑而上，靠的就是敏锐的感官和强壮且柔韧性极好的身躯。

幼崽
狮群里所有的幼崽都是该狮群雄狮的孩子，到 1 岁才会参加家族狩猎。

哺育幼崽
雌狮会一起照顾幼崽，轮流负责看护幼崽和狩猎。

美洲豹
美洲豹幼崽跟母亲一起生活到 2 岁甚至以上。它们通过观察和模仿母亲的动作学习捕猎。

猎豹
母豹把瘦弱或幼小的猎物带回巢，给小猎豹练习如何追捕活体。

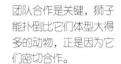

带条纹的皮毛让老虎完美地融入草丛从而隐藏自己

夺命绝杀

把猎物扑倒后就要让猎物断气,虽然残忍,但这也是狩猎关键的一环

大猫们一旦扑到猎物身上,爪子钩进猎物皮肤里,接下来那一步就是关键了:取猎物性命。几乎所有大猫都会选择让猎物窒息的方法。这是最快且最有效的方法,毕竟耗费了那么多心神和体力去跟踪和追捕,到嘴的肉可不能这时候跑了。头部和颈部肌肉结构带动颌骨运动,让大猫拥有非常强劲的咬合力。为了配合强大的咬合力,大猫们还有配套的一副锋利无比的尖牙,瞬间就能把猎物皮肉刺穿,把猎物按倒在地上。

狮的狩猎是团队合作。它们往往整个狮群出动,通常会有一头狮子专门负责用巨大的嘴咬紧猎物口鼻部,让猎物窒息,所以这有一个又残忍又美丽的名字——"狮子的死亡之吻"。而其他狮子则用利爪把自己挂到猎物身侧,靠重量把猎物压倒在地。狮群就是靠这种方式制服体型庞大的动物。

人们往往误以为大猫们给猎物致命一击时目标是颈静脉。事实并非如此。它们虎牙瞄准的其实是猎物的气管,不是静脉血管。它们那副虎头钳一样的牙齿一把钳住猎物气管,咬断,极短时间内便可让猎物因窒息而亡。

老虎在猎杀大型猎物时用的就是这招。一口咬住脖子,利用自己身体重量将猎物拖倒,单枪匹马就能把体形庞大的猎物干掉。

老虎先利用健壮的前肢逮住猎物,让它们动弹不得,然后才咬猎物的脖子。

但在对付小体型的猎物时,它们或会采用咬住颈背部的方式,把猎物脊柱咬断。豹就很喜欢使用这种快准狠的招式。

至于美洲豹,行事风格则有那么一点区别。美洲豹是唯一一种会猎杀爬行动物的大猫,它们的狩猎风格经过长期演变,对于如何拿下危险的带盔甲的猎物,已是相当在行。美洲豹不咬猎物喉咙,而是直接咬颈背或后脑,破坏猎物脊柱,用尖牙刺穿猎物头骨。它们就是使用这种技巧,咬穿凯门鳄坚硬的鳞甲和乌龟坚实的外壳的。

杀手出击

豹如何保证一招就将猎物毙命

肌肉结实的四肢
健壮的四肢让豹跑跳都充满爆发力。

强劲的咬合力
豹咬住猎物的脖子,给猎物致命一击。

紧盯猎物
豹的双眼有一层独特的膜,即使在光线极弱的环境下,它们也能集中视线。

利爪
利爪不但能稳稳抓住猎物,还能保证它们稳当地爬上安全的高处。

"它们那副虎头钳一样的牙齿一把钳住猎物气管,咬断,极短时间内便可让猎物因窒息而亡"

为了能饱餐一顿，大猫们的狩猎场可不仅限于陆地。

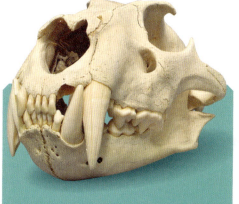

团队合作意味着狮群能制服体型庞大的猎物，有更多肉吃。

美洲豹大战凯门鳄

这种大猫不但不怕水，它们还不怕生活在水里浑身鳞甲、动作敏捷的巨大爬行动物

1.游泳
美洲豹都是出色的游泳健将。锁定猎物后，美洲豹就会选择水路游到猎物附近，悄无声息地不溅起一滴水花，避免任何打草惊蛇的动作。

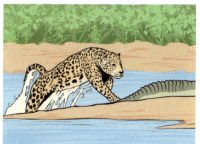

2.埋伏
继续在水里潜伏一两秒钟，进一步靠近凯门鳄，才对丝毫没有意识到危险的凯门鳄突袭。

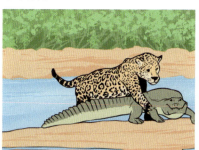

3.攻击
美洲豹朝凯门鳄扑过去，不让猎物有逃跑的时间，并在猎物因惊吓而呆滞的瞬间将它压制得无法动弹。

4.致命一击
对准凯门鳄头骨用力一咬，凯门鳄瞬间便无法动弹。美洲豹狩猎成功！

大猫咬合力

看看这些强大的狩猎者嘴部力量到底有多大

咬合力商数（BFQ）是动物相较于自身体型的咬力大小。

作为参考值，家猫的咬合力商数（BFQ）是58。

- 美洲豹 137 BFQ
- 虎 127 BFQ
- 猎豹 119 BFQ
- 狮 112 BFQ
- 豹 94 BFQ

猫狗大对决

作为宠物到底谁更胜一筹?
这场比拼是来个最终决战的时候了

人类票选出来的最主要的家庭宠物是狗和猫,这一点都不让人意外。人类是一群感官动物,要刺激人类大脑产生愉悦的感受,莫过于抚摸一只可爱的动物了。英国有将近一半家庭饲养宠物,其中24%养的是狗,17%养的是猫。

我们天生就想去照顾可爱又无助的宝宝,像我们的孩子,所以我们总是忍不住像疼自己孩子一样疼可爱的毛孩子。尤其是当我们从直观上感觉我们的宠物会跟我们互动,人与宠物的关系就变得更加牢固,再加上当你意识到狗与人类的关系变得亲密,便不难理解为什么狗被称为"人类最好的朋友"。

近期研究证明,狗能通过人脸辨识人的情绪,会表现出嫉妒的情绪,甚至会看电视(里面出现动物的时候)。它们学习的方式和孩子一样,也会受到情绪传染(试一下坐在小狗旁边打呵欠,看它会不会跟着你一起打呵欠),还具有清晰的时间观念。

至于猫呢,虽然是喜欢独处的动物,不太喜欢参与我们日常生活的方方面面,但研究证实其实猫对我们的在意,比我们想象的要多。猫不但能读懂我们的情绪,还能根据我们的情绪采取相应行为,它们深谙"控制"人类之道,让我们在不知不觉间自动满足它们的一切需要,它们甚至能模仿声音,敦促人类赶紧干活。猫还会把人类看成它们的替代家庭——你养的猫有没有尝试过给你带来活着的(或是已经死了的)礼物?它那是在向你传授狩猎技巧。小猫是由母猫抚养长大的,母猫刚开始教小猫狩猎,就是给它们带回来已经死了的猎物。如果蒂布尔斯(新西兰斯蒂芬岛上灯塔看守人带上岛的一只宠物猫,造成该岛上独有的斯蒂芬岛异鹩灭绝)给你叼回来一只活生生的大猎物,那么恭喜你,你可以跟它一起出去狩猎了。

猫是宠物界里自然竞争的优胜者。尽管我们疼爱它们、照顾它们,但其实没了人类的照顾,它们依然能活得好好的。有趣的是,进化史的相关研究显示,超过40个犬类品种就是因为在和猫竞争食物时败下阵来,最终走向灭绝的。

不管你现在是猫派还是狗派,接下来先看看关于猫狗的一些神奇属性吧。说不定看完后你会改变阵营哦。

第一回合： 身体素质

猫堪称宠物界的体操选手——它们体态轻盈、动作敏捷，还拥有一项神奇的技能，叫"翻正反射"，也就是说，它们无论如何都能四肢着地。它们还拥有惊人的夜视力、灵敏的听觉，连感受味觉也有两种方式。有没有看到过你的猫把胡须垫抬起龇出牙齿？其实它是在利用雅各布逊氏器（犁鼻器）感受味道。

所以在感官的对决里，猫似乎更胜一筹，因为它们除了鼻子，还有猫须。而狗则通过嗅觉看世界，它们能闻出百万分之一的气味——相当于能探测出在 100 万加仑[1]水里一咖啡勺的糖！还有研究显示，根据气味给它们带来的感受不同，狗还会选择用不同的鼻孔来感受气味呢。

而说到身体的爆发力和耐力，猫打起架来并不弱，可还是猎犬更胜一筹。不同品种的狗能胜任不同任务，而且它们善于将能力发挥到极限。猫能跑得很快，时速可达 48 千米，而狗则能长时间快速奔跑；猫能跳高，而狗则能跳远，一下接一下。灵缇最快奔跑速度达到每小时 68 千米，哈士奇能忍受零下温度的寒冷气候，边境牧羊犬敏捷异常，不得不提的还有纽芬兰犬，能直接从直升机上跳进水里救人。

视觉 狗看到的世界，就像红绿色盲症患者看到的世界，另外它们的视觉范围有 240 度，比猫要宽。

嗅觉 狗的鼻腔里有至少 1.25 亿个感受器，人类鼻腔只有 500 万～1 000 万个感受器。

力气 不同品种的狗力气大小也不一样，但大部分都有惊人的耐力——可以高速奔跑 3 千米甚至更远的距离。

狗吸气时，只有一部分空气参与呼吸作用，剩下的空气用于辨别气味。

听觉 狗的耳朵由 18 块肌肉控制着，使耳朵能准确地转向声音来源方向，它们的听觉可以达到 45 千赫。

牙齿 成年狗有 54 颗恒齿，其中包括大大的犬齿，它们还有咬力强劲的颌骨。

前爪有额外的肉垫保护爪子上的骨头，功能等同于防震器。

缩起的爪子　伸出的爪子 猫爪是猫"趾"骨的一部分，通过肌肉可控制伸缩。

视觉 因为眼睛里有薄薄的反光层，猫眼睛能吸收的光线是人类眼睛的两倍。

骨骼 猫科动物脊柱柔韧性极好，再加上没有锁骨，它们能轻松地扭转身体把自己塞进细小的缝隙里。

猫舌上有许多小小的倒钩（乳头状突），能把肉从骨头上剥下来，也能当梳子梳毛。

听觉 大大的三角形耳朵能向声音来源旋转，听觉范围可达到 80 千赫，而人类的听觉只能达到 20 千赫。

嗅觉 猫辨识气味不仅仅通过鼻子，在嘴上方还有一个雅各布逊氏器（犁鼻器），同样能辨识气味。

尾巴 猫的尾巴功能多样，帮助保持身体平衡，猫与猫之间进行沟通，在全速奔跑时还能像方向盘一样控制身体方向。

进化优势

狗的驯化已经有很长一段时间了。近年有一份基因研究报告指出，狗被人类驯化始于 3 万多年前，现代家养的狗的祖先是各个不同地区的狼。

研究人员认为，最初因为偶尔有狼为了吃游牧民剩下的食物而跟随着游牧民族迁移，才有了狼的驯化。人类是不会忍受尖牙利爪的猛兽潜伏在身侧带来威胁的，所以他们会将攻击性强的狼杀掉。时间长了，便繁衍出了性格相对温驯的狼。

相比之下，猫的驯化则比较晚，最初是在大约 9 500 年前，位置大概在中东地区。家猫的祖先是山猫，这些山猫如今依然在全球各地的野外生存着，血统能追溯到 13 万年前。最初估计是因为大量啮齿动物把这些野生山猫吸引到人类定居点，人类为了控制老鼠数量给山猫投食，甚至让它们进屋，才开始了猫的驯化。

最早被驯化的狗，是灰狼的后代，大部分应该是来自中国的大灰狼。

据信所有家猫都是欧洲野猫的后代。

[1] 1 英制加仑 =4.546 升。

第二回合： 沟通

我们花很多时间和我们的猫狗在一起，抱它们，抚摸它们，让它们参与我们日常生活大大小小的事——也难怪我们的毛孩子学会了通过很直观的方法与我们沟通。

科学研究显示，宠物能让我们情绪稳定，让我们快乐。

声音是很重要的一种沟通方式。狗的声音变化幅度很大，包括呜咽、尖叫、低号和吠。成年的狼不吠（幼狼会吠），所以狗吠，就是在人和狗的关系进化的过程中发展出来的让人类了解狗的情绪的语言。狗还会通过眼神与我们沟通，甚至会顺着我们的视线去看看我们到底在看什么。这是一个纯驯养化的习惯，因为野外生存的狼，是不会与人类有眼神接触的。

不过猫的喵叫声可是比狗的叫声要巧妙得多。在人类身边生活这么多年，猫发出的声音已经进化到有其一套声学模式影响人类潜意识从而实现与人类进行沟通。猫那种"诱惑性的咕噜声"——不仅仅是普通的咕噜声，还夹杂了一点高声调的喵喵声，是没有人能抗拒的——频率与婴儿哭泣时的频率一样，这种声音瞬间就能激起我们的保护欲。

在宠物与人类沟通的过程中，肢体语言比语言起到更重要的作用。肢体语言是动物表现自己情绪的方式。当猫觉得开心、想让你抚摸时，会在你手掌下背部上弓，发出咕噜声，但若你伸手想要摸它，它却退开时，就证明它对你不感兴趣了。耳朵往脑袋上贴，俗称"飞机耳"，是它们担心焦虑的表现，冲着对方嘶叫，就证明它们要开战了。反过来，如果你的猫对着你神秘地"慢慢眨眼"，那就证明它很放松，对一切都很满意。

狗也会通过各种肢体语言来表达情绪。当狗把耳朵竖起，把脖子拉长脑袋往上顶，尾巴用力地甩时，那它就是在表达开心。如果它找地方躲起来，耳朵下垂甚至贴在脑门上，尾巴夹在两腿中间，那就是担心或害怕。放松的狗会仰躺着，露出脖子和肚皮。看到它们这样翻肚皮的时候，给它们揉揉肚皮吧，它们绝对会喜欢。但如果猫对着你翻肚皮，你揉你自己的就好了，否则小心被挠。

压力舒缓者

不管是猫还是狗，在帮助人类减压放松这问题上，都同样出色。研究表示，抚摸毛茸茸的宠物能降低心率和血压，减少被称为压力激素的皮质醇的分泌，同时还刺激血清素和催产素的分泌，这两种激素都能让我们感觉开心舒畅。猫和狗都给我们无条件的爱，让我们感觉不再孤单，甚至帮助减缓抑郁症状，因此两者都是辅助治疗的动物种类，接受过相应训练的猫狗可以到医院和看护院去，给有需要的人带来欢乐和活力。

人类情绪和宠物行为

都知道宠物对我们的情绪是有反应的，但它们对我们的情绪到底知道多少呢？近期有研究人员就做了次研究，让狗看图片和听声音。图片和声音展现的是人类积极或负面的情绪。他们发现，当图片的表情与播放的声音反映的情绪一致时，狗会花更多的时间认真地去看图片。之前一直以为，狗是通过学习和训练来辨识人类情绪的，但经过这一次研究，研究人员发现狗其实能分辨出人类情绪。

而近期另一项研究亦显示，猫也能从主人身上得到提示从而表现出不同的行为——尽管没狗那么明显。例如，如果主人开心，猫更有可能发出咕噜咕噜的声音，更想接近主人。很可能猫把主人的开心与给它们奖励联系在一起，主人开心，自然它们也能开心。狗之所以对人类情绪有更强烈的反应，可能是因为它们适应与人类一起生活的时间比猫长。

对人类情绪的反应

开心　　　　　　　　　生气

- 嘴巴张开
- 尾巴摇摆
- 充满活力，活泼好动
- 咕噜
- 亲密
- 缓慢眨眼

- 尾巴夹在两腿之间
- 耳朵后贴
- 畏畏缩缩，找地方躲藏
- 避开接触
- 甩尾
- 跳上高处

第三回合：智商和接受训练的能力

狗的平均智商相当于2岁小朋友，而且狗大脑占身体大小的比例比猫大。但猫的大脑皮层比狗的大，而大脑皮层正是大脑负责认知信息处理的部位。

因为猫狗属于不同物种，不管是进化历史还是生活方式都大有区别，所以要让两者在智商上一较高低（不同的犬种倒是可以进行智商对比——如果你好奇哪个品种的狗最聪明，那我来告诉你吧，是边境牧羊犬）是非常困难也是有失公允的，但它们各自都有不同的智商值。

其中一个智商参考因素是接受训练。要训练狗并不困难，因为它们喜欢为了获得奖励而工作。狗学习的方式也与人类孩子一样。但很少有人知道，猫接受训练的能力不比狗差。只不过猫是非常独立的动物。所以你可别以为猫傻。尽管训练它们很难，但它们的确是能接受训练的，训练猫的方式与训练狗的方式不一样（尽管有部分人会说，训练猫狗用同一套就行）。如果你的猫大半夜为了要吃的把你叫醒，而你也真的大半夜爬起来给它喂食，那你的行为，其实就是在不知不觉间一遍又一遍地训练你的猫大半夜把你拉起来要吃的。

猫是感知能力非常强的动物，会通过你的行为和反应采取相应的行动让自己获利。有人或许会说，猫这种行为模式，比起狗能按照主人要求用前肢倒立还更厉害呢！

算术

最近研究发现，在看到某些具体图像时，狗能分辨出数量多少，尽管数量比较大。这很可能是因为狗是群体生活的动物。在野外，狼需要知道自己狼群里狼的数量，以及跟它们争夺自然资源的其他狼群狼的数量。狗还能做出简单的加减法。

但猫在算术这方面又如何呢？算术测试对于猫来说不是一项公平的比赛项目，因为作为独居动物，对猫来说，比较体型大小比数数重要得多。不过这也只是对少数猫进行测试得出的结论而已，而且要知道，让猫咪们把注意力集中在这些测试上是相当困难的。所以，在算术上，很难让猫狗一分高低。

狗对数字比猫敏感，猫对这些测试根本就不感兴趣！

宠物会听话吗？

狗的大脑处理声音跟人脑很相似。根据对狗的大脑进行的核磁共振成像（MRI）显示，在处理人类声音时，狗的大脑被激活的部位与人类的相似——这还是首次在非灵长类动物身上发现这个现象。狗还对声音里透露的情绪有反应，这也解释了为什么人类与狗进行语言沟通时能那么成功。

至于猫，这又是另一回事了。尽管它们能分辨主人和陌生人的声音，但研究发现，与狗相比，猫对声音的反应不太明显，而且经常会把我们忽视掉。这大概是因为猫的驯化过程与狗不一样吧。

对狗的大脑进行核磁共振成像发现它们的大脑对声音的反应与人类大脑是一样的。

德国牧羊犬勇敢、运动能力强，还非常聪明，是训练成警犬的理想犬种。

工作犬

通过完成任务来获得奖赏，没什么比这更能让狗开心和喜欢的了——不管那个奖赏是一顿好吃的，还是跟它玩拔河。这种接受训练的能力，加上它们出色的感官系统，让它们能胜任多项任务为人类服务。包括导盲犬、治疗犬和医疗检测犬在内的多种服务犬能给人类日常生活带来方便和改变。搜救犬、警犬、嗅探犬和军犬则会奋不顾身保护人类安全。工作犬还能接受训练进行其他体力劳动，例如放牧、拉雪橇、捡东西，甚至拉车。

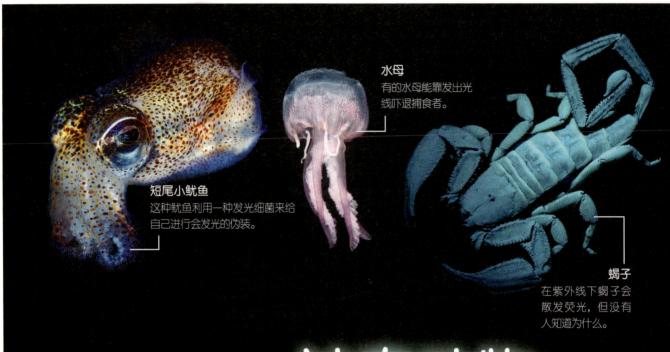

水母
有的水母能靠发出光线吓退捕食者。

短尾小鱿鱼
这种鱿鱼利用一种发光细菌来给自己进行会发光的伪装。

蝎子
在紫外线下蝎子会散发荧光,但没有人知道为什么。

在黑暗里发光的 神奇动物

把一切光源断绝,让双眼体验大自然色彩缤纷的自然光

想象一下,在漆黑的夜晚独步林间,遇上一大片在半空中飘舞的荧光。这听起来奇幻且美丽的景致,是自然界里最神奇的现象之一:生物发光现象。飞舞的荧光其实是萤火虫尾部化学物质发生化学反应而发出的亮光,这亮光照亮夜晚,陪伴它们在芸芸萤火虫中寻找一位伴侣。

生物发光现象在动物界很常见,又不仅仅存在于动物界。发光生物最多的地方,要数那片漆黑的茫茫大海。但有趣的是,淡水里几乎没有能发光的生物有机体。

现代科学让人类可以深入探究这种生物发光现象神奇的生物原理,其实生物发光现象让人类为之着迷数千年了。

珊瑚礁
不少栖息在珊瑚礁上的生物就是靠珊瑚礁发出的光线存活的。

萤火虫
萤火虫尾部有一个发光器,发出独特的亮光。

生物发光现象出现在不同文化背景的各种民间传说里，中国、印度等，随便数数就能数出不少。公元前4世纪，古希腊哲学家亚里士多德就曾写道："有些东西，既非自然之火，亦非火属生物，却能散发光亮。"另外还有公元1世纪，罗马学者老普林尼记叙过，他在那不勒斯湾捡起软绵绵的水母，弄到拐杖上，水母"如火炬一样"照亮了道路。

正如亚里士多德注意到的，生物发光是"冷光"，也就是说，这种光与电灯泡发出的光不一样，不会同时产生废热，即使产生热量也只有微乎其微的一点点，利用率几乎达到100%。动物能发光，主要是通过两种方式：一种是处理相应的化学物质，这意味着动物自体发光；另一种是通过与生物发光菌共生，利用生物发光菌给它们提供亮光。这些生物发光菌可以独立生存，也可以寄生于宿主身上让宿主在不知不觉中发光。

其中一种在与发光菌的互利共生关系中获利的动物，是短尾小鱿鱼，一种身长只有几厘米的头足类动物，生活于太平洋沿海水域。这种小鱿鱼利用生物发光菌蓝绿色的亮光在水里模仿从上面照下来的月光，从而达到伪装自己的效果——这种防御手段叫"发光消影"。而作为报答，小鱿鱼会为这种发光菌提供它们生存所需要的含糖溶液。每天早上，短尾小鱿鱼会将95%的发光菌从身上驱逐，确保在它休息的时候身体不再发光。而到了晚上，发光菌又重新在小鱿鱼身上大量聚集，达到能发光的程度。这是生物发光菌一种相当有趣的用途——伪装保护，而非在黑暗中照明。

而不需要依赖生物发光菌来发光的生物，则是通过自身进行化学反应来发光。这些发光动物往往体内都有叫"发光器"的器官，这个器官将一种叫荧光素的有机物与氧发生化学反应生成光子发出可见光。这些化学反应可由多种因素触发，包括化学物质的、神经的或是力学的因素。

不过在动物王国里，动物在黑暗里发光的方法，可不仅仅只有生物发光这两种方式。不少动物还能通过荧光反应来发光，即通过吸收光线，再散发出不通波长的光线。例如，在紫外线灯光下，蝎子能发出青绿色的光。不少品种的珊瑚、水母和甲壳类动物都具有荧光物质，还有日本鳗，这是目前发现的唯一一种荧光脊椎动物。

此外，动物发光还有磷光，化学性质与荧光相似，但磷光跟荧光不一样，光线被吸收后即使切断光源还能继续发光。不少发光的海洋生物都是同时利用三种发光方法来发光的，但磷光非常微弱，肉眼往往难以察觉，而另外两种发光方法发出的光比磷光强得多，会把磷光掩盖掉。

海洋里的生物亮光通常会有蓝色和绿色的霓虹色调。这是因为这两种光线的波长在深海里传播距离最远，这样生物发光才能实现它的意义。不过具体是什么颜色，也得看动物是要通过光来达到什么目的。动物在黑暗环境里利用发光进行自我防卫、防止捕食者发现，或是吓退攻击者，还能引诱猎物或吸引配偶，甚至能当隐身衣。生物发光还有可能给一些不发光的海洋生物带来生活上的便利。研究人员就认为，抹香鲸之所以要潜到那么深的水域去捕食，是因为它们要依赖发光的海洋生物给它们提供亮光，好让它们追踪猎物。

生物发光背后的科学

生物发光是化学反应的结果，通常这种化学反应都需要一种名为荧光素的化学物质参与

1.成分
总的来说，要发生生物发光的化学反应，有机体需要荧光素分子、荧光素酶（促进化学反应发生的晶体）和氧化荧光素所需要的氧。

2.催化剂
催化剂是促进化学反应速度的物质。在生物发光的化学反应里，催化剂就是荧光素酶。荧光素酶是促进发光反应的酶的总称。

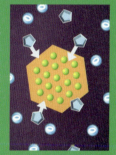

3.氧化
荧光素酶给氧和荧光素搭桥牵线，让二者更容易结合。氧分子转移到荧光素上，荧光素就会被氧化。

4.发光
荧光素与氧发生化学反应，释放出光子。当动物体内的发光器发生大量这种化学反应时，就能发出神奇美妙的自然光。

5.反应副产物
生物发光反应也会带来副产物：二氧化碳和氧合荧光素——荧光素分子被氧化后形成的化学物质的名字。

生物自然光如何造福人类

生物发光是一种自然发生的现象，最简单的方式只需要氧气就能发光了，这种生物发光技术能在人类生活中大派用场，包括医药、军事和商业领域。天然荧光素也在不断被开发新用途。

科学家利用天然荧光蛋白追踪病毒和疾病在实验鼠身上的扩散，观察呈现迷人彩虹色彩的细胞组织的发展。通过这样的方法，我们有可能加深对人类疾病的了解，研发治愈方案。

利用对生物发光的了解，我们还能通过进行基因改造让植物发光。尽管在这方面的研究目前仍处于非常初级的阶段，但一旦成功，我们就能实现让树发光取代街灯照明，节省宝贵的化石能源。爱丁堡大学的研究人员已经研究出脱水后在黑光灯下发光的土豆，可作为标志，让农民准确监控农作物质量。尽管对基因改造的食物存在很大的争议，但不可否认，这背后的科学发展是相当了不起的。

生物发光还能在军事上大派用场。有一些浮游生物受到惊扰时会发光，这就暴露了隐形潜艇的所在位置，或是破坏了某些秘密海军行动。

此外，当然是少不了在商业上和日常生活中的广泛应用。像北卡罗来纳州的生物技术公司 BioLume 就想要开发一系列神奇好玩的发光甜食——像棒棒糖、口香糖和饮料等——以及能在黑暗里发光的日常个人护理用品，像牙膏、香皂和泡泡浴等。

发光鼠

从水母里分离出来的发光蛋白——绿色荧光蛋白（简称 GFP）——改革了细胞生物学。在蓝光和紫外线照射下，绿色荧光蛋白散发出绿光，能作为用途广泛的指示剂，追踪多种生物过程。这种蛋白能在实验室里进行克隆（因此不需要每次都从活水母上进行分离），然后就可以把绿色荧光蛋白的基因片段植入另一个有机物的基因组里，这样就能让细胞某个特别区域（科学家想要研究的目标区域）"发光"。这也就意味着，不管是大脑里的神经细胞，还是肿瘤细胞扩散，科学家都能更清楚地观察和研究组织生长了，这在医疗研究领域可是具有无限潜能的呢！

发光鼠能帮助研究人员研究一系列疾病。

发光植物能打开植物照明的大门。

发光植物

生物科技公司 Bioglow（直译意为"生物发光"）正在研究如何让植物自体发光，取代街灯达到节能目的。研究人员把一盆花烟草取名为"星光阿凡达"。这盆花烟草的基因组里被插进了从发光菌里分离出来的一对基因，所以这盆植物能"自发荧光"，发出黄绿色的光。

照亮深海

茫茫大海里，从粼粼水面，到最幽深的海沟，随处都能发现生物发光现象。越往日光无法抵达的深处去，会发光的生物便越多起来。据估计，大概 90% 的深海生物都会通过某种方式的生物发光来捕食、自卫和寻找配偶。

栉水母

名字虽叫水母，可栉水母其实并非水母。栉水母有桨似的身体结构，叫栉板，振动栉板就能游动，同时会发出彩虹一样漂亮的光泽。当偶尔有光线照到纤毛上时，它们就会发光，但不少品种自身也具有生物发光的特性，能发出蓝绿色的光。

安康鱼

安康鱼种类繁多，大部分都带有大大的会发光的拟饵，看起来就像一根会发光的钓鱼竿。这个狡猾的身体部位是帮助雌鱼捕食的。而雄性安康鱼不但体形比雌性小得多，还不具备拟饵，它们就像寄生虫一样依附在雌性安康鱼身上吸取营养和提供精子繁衍后代。

为何动物要发光？

发现疑似捕食者，乌贼就会先发制人，突然发光，把对方吓退。

防御型
防御型的生物发光是用于吓退捕食者的。像乌贼等海洋生物能突然发光把攻击者吓跑，还有些动物会制造"烟幕"效果让自己快速脱身。

灯眼鱼利用眼下方非常光亮的器官把猎物引到眼前，顺便还能让它们看清猎物。

进攻型
生物发光可用来诱捕猎物，或是充当寻找猎物的照明。像一些管水母和灯眼鱼就利用生物发光把猎物引到自己身旁，这么等吃的，真可说是得来全不费工夫。

不同品种的萤火虫发光模式不一样。

吸引型
萤火虫的生物发光器官在尾部，对它们来说，那可是求偶的关键。雄性对着雌性表演一场灯光秀，若雌性对雄性的表演满意，也会回以一场灯光秀。

"生物发光技术能在人类生活中大派用场，包括医药、军事和商业领域"

黑龙鱼
这种长相凶残可怕的深海鱼腹部有发光细胞，身体有多长，发光部位就有多长，在受到惊扰或受到威胁时会突然发光。不过黑龙鱼还有另一张王牌：它们能发出波长与红外线很相似的光，这种光不容易被其他海洋生物注意到，让它们能神不知鬼不觉地接近猎物，发动突袭。

浮蚕属
这些外表美丽的海洋生物是游动的多毛虫。它们具有生物发光细胞，能散出明亮的色彩，有些种类甚至还能发出黄光，要知道黄色的生物光在深海可是相当罕见的。浮蚕属生物在遇到威胁时还能喷出发光的颗粒，转移捕食者视线好让自己逃脱。

紫纹海刺水母
在德语里，紫纹海刺水母的名字的意思是"夜光"，反映出它神奇的生物发光能力。在受到惊吓或被困时，紫纹海刺水母的抗争反应激活体内化学反应，挣脱逃跑时会在身后留下一路会发光的黏液。

活体灯光秀

一大批能发出生物光的生物把自然界点缀得绚烂迷人。

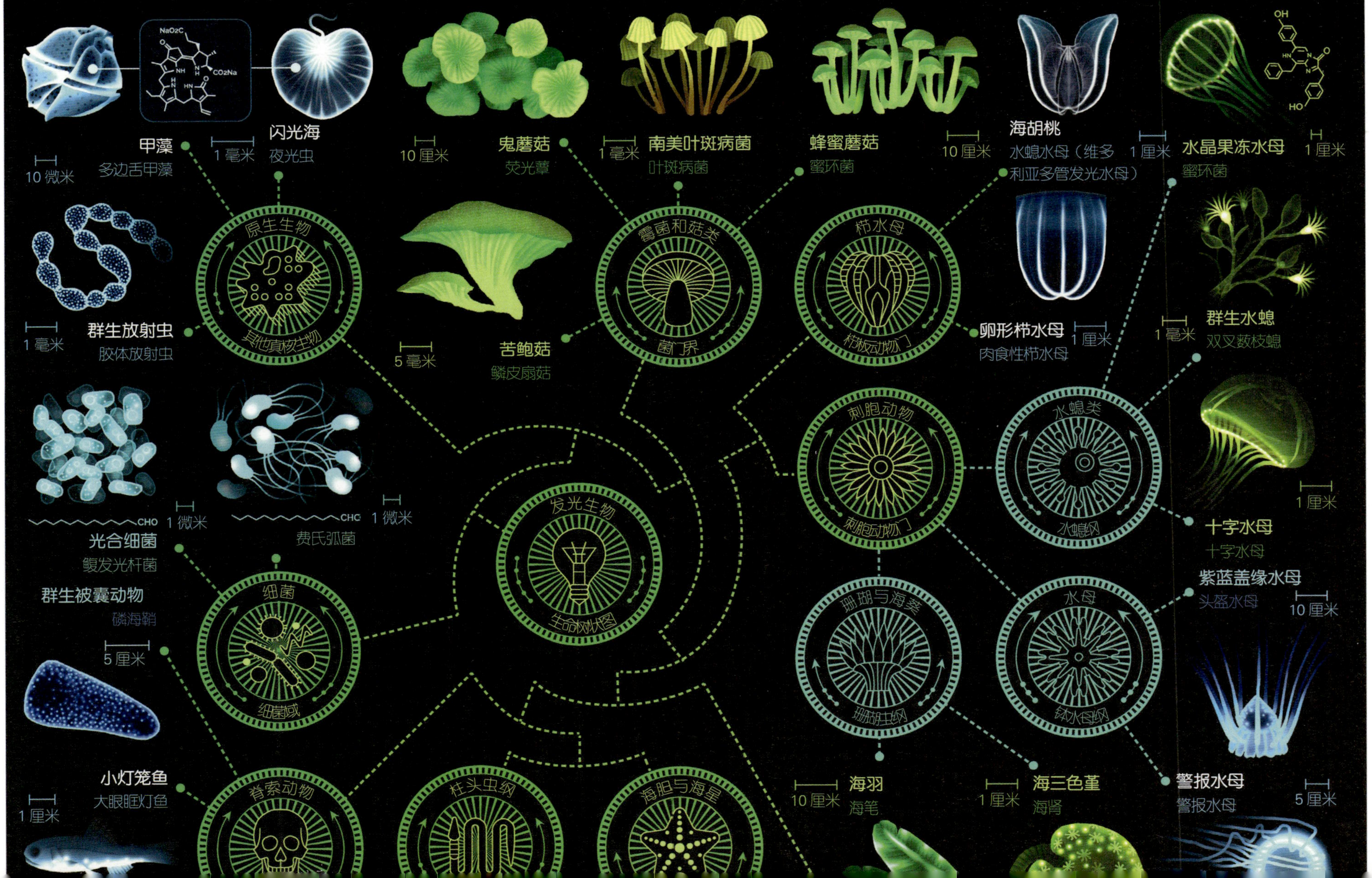

甲藻
多边舌甲藻
10 微米
1 毫米
闪光海
夜光虫
10 厘米
鬼蘑菇
荧光蕈
1 毫米
南美叶斑病菌
叶斑病菌
蜂蜜蘑菇
蜜环菌
10 厘米
海胡桃
水螅水母（维多利亚多管发光水母）
1 厘米
水晶果冻水母
蜜环菌
1 厘米
群生放射虫
胶体放射虫
1 毫米
原生生物
其他真核生物
5 毫米
苦鲍菇
鳞皮扇菇
霉菌和菇类
菌界
栉水母
栉板动物门
卵形栉水母
肉食性栉水母
1 厘米
1 毫米
群生水螅
双叉薮枝螅
刺胞动物
刺胞动物门
水螅类
水螅纲
1 厘米
光合细菌
鳆发光杆菌
1 微米
费氏弧菌
1 微米
发光生物
生命树状图
十字水母
十字水母
群生被囊动物
磷海鞘
5 厘米
细菌
细菌域
珊瑚与海葵
珊瑚虫纲
水母
钵水母纲
紫蓝盖缘水母
头盔水母
10 厘米
小灯笼鱼
大眼眶灯鱼
1 厘米
脊索动物
柱头虫纲
海胆与海星
10 厘米
海羽
海笔
1 厘米
海三色堇
海肾
警报水母
警报水母
5 厘米

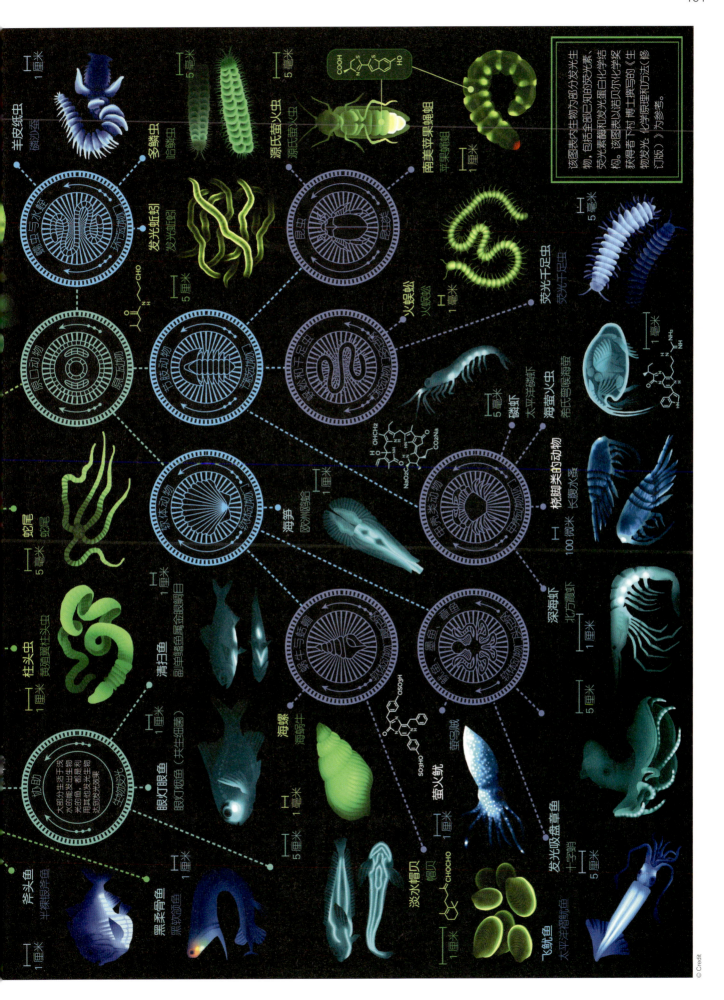

蛙 的生命周期

一起来看看密密麻麻的一堆细胞是怎么发育成活蹦乱跳呱呱叫的两栖动物的

蛙的生命周期,从雌雄两只蛙交配便开始了。雄蛙以抱合的姿势将雌蛙固定,在雌蛙产卵时让卵子受精。一只雌蛙产下的一堆卵有3 000~6 000个。

在每个凝胶状的球体里,有一个黑点——发育中的蝌蚪。胚胎在成长过程中吸收周围凝胶状的物质,一个星期到一个月不等(具体视品种而定),受精卵里的蝌蚪就会长出低级的鳃和尾巴,这时便能破卵而出了。孵化出来的蝌蚪以剩下的卵囊和附近的藻类为食。

在接下来的几个星期内,蝌蚪会进入发展快速的变态期。首先,随着内鳃逐渐发育完成,外鳃消失。蝌蚪还会长出腿,发育成幼蛙——外表跟成年蛙开始接近,但那条强壮有力的尾巴依然留着,看起来就是一个圆滚滚的奇怪小动物。蛙的前肢是最晚发育的,蝌蚪的尾巴随着发育完成,会逐渐被身体吸收而变短。

这时的小蛙是成年蛙的缩小版,体长只有1厘米。到了生命周期的第16周,它们终于可以跃出水面,呼吸清新的空气,吃到鲜美的虫子了。

1.抱合
雄蛙位于雌蛙身后,用前肢紧紧抱住雌蛙。

2.产卵
雄蛙使雌蛙产下的卵受精。

3.蛙卵
蛙卵的质量都很轻,一大团凝胶状的卵浮在水面上。

4.蝌蚪
几周后,蛙卵便会孵出小小的蝌蚪,有外鳃和长长的尾巴。

5.幼蛙
随着蝌蚪发育,尾巴会变得强壮,而且还会长出健壮的后肢。

6.变态
经过几个阶段的发育,蝌蚪会长出成蛙的眼和前肢,尾巴消失。

7.成蛙
离开水后的未成年蛙会继续发育,大约3年后性成熟可繁育下一代。

蝌蚪通常成群地活动,看起来像水里一团团的乌云。

海葵 解剖图

这是一种看起来美丽如花，但蜇起人来绝对不输蜜蜂的神奇海洋生物

海葵广泛分布在地球各个海域，属于刺胞动物门，同门的海洋生物还包括水母和珊瑚。海葵锚靠在海床的岩石上，从外表上看，仿如盛开在水底一朵朵色彩鲜艳的花儿。它们虽然有神经系统，却没有大脑。

海葵身体短短的，呈径向对称，通过静力水压维持身体结构和形状。在中央口盆周围，长着一圈触手，这些触手都有大量刺细胞——里面有细小的刺丝管，能释放出神经毒素让猎物无法动弹，等着它们慢慢享用。

对于大部分海洋生物来说，这些有刺细胞的触手是有危险性的，但它们与小丑鱼之间互惠互利的合作关系可是出了名的。小丑鱼在海葵的触手间自在地游动（它们对海葵的刺细胞免疫），让海葵给它们提供安全的场所，反过来，小丑鱼也能帮海葵赶跑想吃海葵的捕食者，并把自己吃剩的食物分给海葵享用，为海葵提供营养。

触手
海葵口盆周围围绕着长长的触手，触手上有大量带刺的细胞，这些细胞有刺丝囊。

门口
水通过海葵的门口进入身体，海葵利用静水压力保持形状。

胃
海葵吃掉猎物吸收养分，再把胃翻出来，把消化不了的部分吐出。

口
海葵的口既用于吃食，又用于排泄废物和吐出配子。

括约肌
这块圆形肌肉让海葵在感觉受到威胁时把触手都收进体内，进行自我保护。

底座
海葵就是靠底座把自己固定在海床、珊瑚礁或退潮时露出的岩石上。

全球已发现海葵种类超过1 000种，大小从直径几毫米到1.8米都有。

黄蜂通过强效的化学信号进行沟通，它们的情书能远距离传送。

大自然的复仇者

黄蜂寻找伴侣和为爱复仇的方式

世界上黄蜂种类大约有30 000种。如果你是一只在寻找伴侣的单身雌黄蜂，你该怎样才能找到同品种的黄蜂进行交配呢？如今研究人员总算知道了，某些种类的雄性寄生黄蜂进化到能通过独特的含有可传达基因信息的费洛蒙来吸引同种雌性。

费洛蒙是动物向周围环境发出的化学物质，能被其他动物感受到。我们已经知道，黄蜂可以通过费洛蒙告诉同伴哪里有吃的或这有危险。现在研究人员还发现，雄性的金小蜂还能通过散发出求偶费洛蒙，告诉雌性金小蜂自己正是它们要找的配偶。

此外，黄蜂还能通过化学信号为所爱之蜂报仇。当有黄蜂遇害或受伤，它会在巢中向其他黄蜂发出"警告费洛蒙"。这种信号能让6 000～10 000只愤怒的黄蜂奋起抵抗。只有雌蜂是带尾刺的，而且它们能蜇好几次。

{ 动物 入侵 }

人类或许以为自己统治着地球，但一旦动物掌握控制权，又将会如何？

大久野岛对于那些喜欢兔子的人来说，可是个热门旅游胜地。

{ 兔子岛 }
大久野岛，日本

被一群饿疯了的兔子追着跑，听起来像个怪诞的梦吧。但到过日本一个叫大久野的小岛的游客都知道，这是在岛上的真实体验之一。

岛上住着数不尽的兔子，至于它们最初是如何上岛的，却是个谜。其中有两个较为合理的说法，有人说"二战"时期毒气工厂里逃出来的实验兔是现在岛上兔子们的祖先，也有人说20世纪70年代学生们放生的宠物兔在野外大量繁殖造成了如今这光景。

兔子繁殖能力出了名的惊人，再加上岛上没有天敌，导致岛上兔子数量膨胀。性成熟的母兔一个月就能生下一窝兔子，据估算，在短短3年时间里，一只母兔和她产下的后代及后代产下的后代，可达50 000只之多。尽管兔子数目庞大，但它们也是不少捕食者的美食，其中多达80%的兔子离巢不久便被捕食。而大久野岛正是因为缺少兔子的天敌而成了兔子天堂。这里的兔子还有一个特点，就是胆子特别大。野生兔子生性胆小警惕，任何可疑的风吹草动都能把它们吓回穴里。而大久野岛上已经习惯了人类存在的兔子却会追着人不放，原因只有一个：食物。兔子密度如此高，意味着天然粮草不消一会儿就被啃个精光了。而带着食物上岛的游客，在这些毛茸茸的小东西眼里，自然成了另一种食物来源了。

猫岛
日本

据估计，日本青岛上猫与人的数量比例是6∶1。这些野猫最初是渔船为了治鼠患而带到岛上的。因为岛上没有猫的天敌，而且被绝育的猫并不多，以致岛上猫的数量不断增加。

青岛只是日本数个猫岛中的一个。另一个著名的猫岛是田代岛，当初为了保护当地的丝绸业，当地人才把猫带上岛。田代岛上像老鼠等虫害以丝蚕为食，而猫则能有效地把老鼠赶跑。不少当地人和游客都相信，给猫喂食能带来好运，所以它们也从来不缺食。

相岛是又一个猫岛，被冠以"猫的天堂"。然而，这个称号是带有误导性的，因为对于在这里生活的野猫来说，这里跟天堂完全不沾边。科学家研究岛上猫咪的行为发现，它们都是地域性非常强的动物，寿命只有3～5年——比家猫短了足足10年！

有人认为给岛上的猫喂食能带来好运。

科学家观察发现相岛上的猫像黑社会一样有社团组织。

"这些野猫最初是渔船为了治鼠患而带到岛上的"

捕食者—被食者动态关系
微妙的平衡能影响物种数量

生态系统里的一切都是相互联系的，食物链上的任何一环出了问题，都会导致其他物种受牵连。捕食者和被食者之间相互依存的关系，就是这种微妙均衡重要性的极好例子。

其中一个被研究得最深入透彻的捕食者与被食者关系的案例，是加拿大猞猁和它们最爱吃的雪靴兔。雪靴兔的数量周期相对稳定，大约10年为一个周期。在雪靴兔的数量高峰期，每平方千米有多达1 500只雪靴兔——这种密度可是大自然承受不了的。随着食物不足，雪靴兔身体开始变得虚弱，猞猁捕起雪靴兔来就变得轻松了。简单来说，就是猞猁能有充足食物，数量也随之增多。

终于，随着雪靴兔数量减少，猞猁又得千辛万苦地去找替代猎物了。生活艰难，使猞猁数量再度下降。而此时，随着植被重新长起来，在上一波猞猁大肆捕猎中幸存下来的雪靴兔因为天敌威胁减少，同时同类竞争减少，又开始快速繁殖。新的一个周期又开始了。

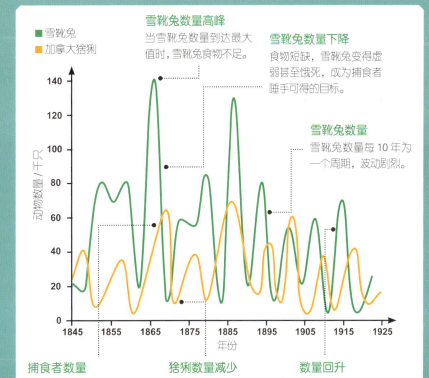

雪靴兔数量高峰 当雪靴兔数量到达最大值时，雪靴兔食物不足。

雪靴兔数量下降 食物短缺，雪靴兔变得虚弱甚至饿死，成为捕食者唾手可得的目标。

雪靴兔数量 雪靴兔数量每10年为一个周期，波动剧烈。

捕食者数量 雪靴兔是加拿大猞猁的主要猎物，因此二者的数量水平是密切相关的。

猞猁数量减少 在雪靴兔数量减少的2年后，猞猁因为食物短缺，数量也会下降。

数量回升 随着植被重新长出，雪靴兔数量也重新回升，猞猁猎物也多了起来。

猪岛
巴哈马

登陆巴哈马无人岛大沙洲的游客，都能看到一片奇怪的景象，20来只猪在岛上自由自在地撒欢，或是在浅水处欢畅地游乐。或许是当年一些水手把猪扔在这里了，想着出海回来后把猪宰了吃，或是附近发生沉船海难，船上的猪逃到岛上，总之，就是猪上了岛，在这里繁衍生息。虽然岛四面环海，但岛上却有几处泉眼，让它们能喝到淡水。近年来，这小岛成了旅游热地，络绎不绝的游客登陆无人岛，只为一睹这些可爱宝宝的尊容。

岛上的猪生性都非常温驯，游客身上带的食物全逃不过它们的鼻子。

猪岛上的猪经常下水接近游客船只，为了好吃的。

猴子之乱
新德里，印度

新德里街头有成千上万只野生猕猴，成群结队地搜寻食物，给城市带来诸多混乱。它们闯入民居和办公楼，霸占公共交通工具，甚至连议会大楼等政府机关也无法幸免。居住在新德里的印度当地人还经常给这些野生猕猴喂食，保护它们不受伤害，因为在他们看来，猴子是神圣的生物。但如此一来，就有更多猕猴涌入新德里，这也会给人类带来危险，因为不少野生猕猴是狂犬病毒携带者。

新德里有关部门想出了别出心裁的方法来吓走猕猴——请来一帮人打扮成猕猴讨厌的叶猴，在建筑上远远地把猕猴吓跑。

新德里城市扩建破坏了猕猴的天然栖息地，导致猕猴在市内泛滥成灾。

蟹潮
圣诞岛，澳大利亚

在圣诞岛腹地雨林里，居住着超过1.2亿只红蟹。它们大部分时间里不会出洞，但雨季一到，它们便开始接管岛屿。人们会把道路封闭，设上屏障，甚至在某些地方筑桥，让这些甲壳类动物安全地迁徙。

成熟的红蟹从雨林爬到海岸繁育后代。雌蟹在海里产卵，卵能即刻孵化出蟹苗，这些蟹苗需要一个月才能成熟上岸，而在这之前会一直待在海里。大约4年后，当年的小蟹苗也会加入浩浩荡荡的迁徙大军，往返于雨林之家和海边。

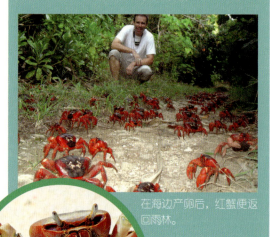

在海边产卵后，红蟹便返回雨林。

为了能让红蟹安全地迁徙，当地会封锁道路和桥梁。

家鼠捕食于戈夫岛鸟类脆弱的地面巢穴

这座位置偏远的小岛是不少濒危海鸟的家园，如北跳岩企鹅。

{ 杀手老鼠帮 }
戈夫岛，南大西洋

在南大西洋中央，阿根廷和南非之间有一个英属岛屿，叫戈夫岛。该岛大小相当于一个曼哈顿，是世界上最重要的海鸟栖息地之一。那里生活着超过20个种类的逾1 000万只海鸟——包括信天翁、企鹅和海燕。然而，在19世纪，海鸟的灾星来了——家鼠被带上了岛。缺少天敌，家鼠在这里肆意妄为，不但数量超出控制，连体型也硕大惊人。

如今岛上的老鼠有将近200万只，体型比一般家鼠大50%。这些硕大的啮齿动物给鸟群带来了不少麻烦。研究发现，大西洋海燕因为受到家鼠捕食，如今种群已经岌岌可危。据估计，每年有将近80%的海燕雏鸟沦为大老鼠的腹中食。

"这些硕大的啮齿动物给鸟群带来了不少麻烦。"

{ 走地鸡 }
可爱岛，夏威夷群岛

夏威夷群岛里的可爱岛上，野生公鸡母鸡遍地走。小岛上，从停车场到海滩，不论是哪儿，都是野鸡的生活场所。

可能当年不知道什么时候的一场风暴把当地鸡舍打翻了，走丢了一地鸡，才繁衍出现了满岛的走地鸡。尽管夏威夷群岛上都有野鸡，却没见哪个岛屿上的野鸡数量多到如此程度。可能是因为在可爱岛上没有猫鼬——猫鼬最爱吃鸡和鸡蛋了。

科学家们正在研究岛上的鸡，看看家养动物变野生动物后会有什么变化。

动物星球
一些被野生动物统治的地方。

夏威夷，美国
可爱岛

巴哈马
大沙洲

南大西洋
戈夫岛

印度
新德里

日本
大久野岛、青岛、田代岛、相岛

澳大利亚
圣诞岛

野马
位于美国弗吉尼亚州和马里兰州相交的地方，是阿萨蒂格岛，那里是成群野马生活的地方。

蒙特克里斯托黑鼠
意大利有关当局在2012年为了消灭黑鼠而从上空往这座意大利岛屿上投下大量毒饵。

猴岛
在美国南加州的摩根岛上居住着超过4 000只猴子。有关方面把它们当作医药实验的实验猴而备受争议。

蛇岛
位于巴西圣保罗外海的大凯马达岛上蛇非常密集，平均每平方米就有一条蛇。

海豹岛
距离南非开普敦不远处的一座海岛上有超过60 000头海豹。岛屿附近海域大白鲨大量出没，海豹为了躲避天敌，都躲到岛上去了。

蜘蛛岛
美国关岛的蜘蛛数量达到附近其他岛屿的40倍。